U0203897

Linux开发书系

Linux实战

从入门到精通

吴光科 卫丰磊 焦立潮 编著

清华大学出版社
北京

内 容 简 介

本书从实用的角度，详细介绍了Linux系统相关理论、技术与应用，包括Linux快速入门、Linux发展及系统安装、CentOS系统管理、Linux必备命令集、Linux用户及权限管理、Linux软件包企业实战、Linux磁盘管理、NTP服务器企业实战、DHCP服务器企业实战、Samba服务器企业实战、rsync服务器企业实战、Linux文件服务器企业实战、大数据备份企业实战和Kickstart企业系统部署实战。

本书既可作为高等学校计算机相关专业的教材，也可作为系统管理员，网络管理员，Linux运维工程师及网站开发、测试、设计等人员的参考用书。

图书在版编目（CIP）数据

Linux实战：从入门到精通 / 吴光科，卫丰磊，焦立潮编著. —北京：清华大学出版社，2024.5

（Linux开发书系）

ISBN 978-7-302-66176-4

Ⅰ. ①L… Ⅱ. ①吴… ②卫… ③焦… Ⅲ. ①Linux操作系统 Ⅳ. ①TP316.85

中国国家版本馆CIP数据核字（2024）第086427号

责任编辑： 刘　星
封面设计： 刘　键
责任校对： 李建庄
责任印制： 宋　林

出版发行： 清华大学出版社

网　　址： https://www.tup.com.cn，https://www.wqxuetang.com
地　　址： 北京清华大学学研大厦A座　　**邮　　编：** 100084
社 总 机： 010-83470000　　**邮　　购：** 010-62786544
投稿与读者服务： 010-62776969，c-service@tup.tsinghua.edu.cn
质 量 反 馈： 010-62772015，zhiliang@tup.tsinghua.edu.cn
课 件 下 载： https://www.tup.com.cn，010-83470236

印 装 者： 北京鑫海金澳胶印有限公司
经　　销： 全国新华书店
开　　本： 186mm×240mm　　**印　　张：** 12.75　　**字　　数：** 241千字
版　　次： 2024年6月第1版　　**印　　次：** 2024年6月第1次印刷
印　　数： 1～1500
定　　价： 69.00元

产品编号：101564-01

前言

PREFACE

Linux 是当今三大操作系统（Windows、macOS、Linux）之一，其创始人是林纳斯·托瓦兹[①]。林纳斯·托瓦兹 21 岁时用 4 个月的时间首次创建了 Linux 内核，于 1991 年 10 月 5 日正式对外发布。Linux 系统继承了 UNIX 系统以网络为核心的思想，是一个性能稳定的多用户网络操作系统。

20 世纪 90 年代至今，互联网飞速发展，IT 引领时代潮流，而 Linux 系统是一切 IT 的基石，其应用场景涉及方方面面，小到个人计算机、智能手环、智能手表、智能手机等设备，大到服务器、云计算、大数据、人工智能、数字货币、区块链等领域。

为什么写《Linux 实战——从入门到精通》这本书呢？这要从我的经历说起。我出生在贵州省一个贫困的小山村，从小经历了山里砍柴、放牛、挑水、做饭，日出而作、日落而归的朴素生活，看到父母一辈子都在小山村里，没有见过大城市，所以从小立志要走出大山，要让父母过上幸福的生活。正是这样的信念让我不断地努力。大学毕业至今，我在“北漂”的 IT 运维路上已走过了十多年：从初创小公司到国有企业、机关单位，再到图吧、研修网、京东商城等 IT 企业，担任过 Linux 运维工程师、Linux 运维架构师、运维经理，直到现在创办的京峰教育培训机构。

一路走来，很感谢生命中遇到的每一个人，是大家的帮助，让我不断地进步和成长，也让我明白了一个人活着不应该只为自己和自己的家人，还要考虑整个社会，哪怕只能为社会贡献一点点价值，人生就是精彩的。

为了帮助更多的人通过技术改变自己的命运，我决定和团队同事一起编写这本书。虽然市面上有很多关于 Linux 的书籍，但是很难找到一本关于 Linux 快速入门、Linux 发展及系统安装、CentOS 系统管理、Linux 必备命令集、Linux 用户及权限管理、Linux 软件包企业实战、Linux 磁盘管理、NTP 服务器企业实战、DHCP 服务器企业实战、Samba 服务器企业实战、rsync 服务器

---

① 创始人全称是 Linus Benedict Torvalds（林纳斯·本纳第克特·托瓦兹）。

企业实战、Linux 文件服务器企业实战、大数据备份企业实战和 Kickstart 企业系统部署实战等的详细、全面的主流技术的书籍，这就是编写本书的初衷。

说明：书稿中关于软件屏幕的截图中，KiB 表示 KB，MiB 表示 MB，GiB 表示 GB。

配套资源

- 程序代码、面试题目、学习路径、工具手册、简历模板、教学课件等资料，请扫描下方二维码下载或者到清华大学出版社官方网站本书页面下载。

配套资源

- 作者精心录制了与 Linux 开发相关的视频课程（3000 分钟，144 集），便于读者自学。扫描封底"文泉课堂"刮刮卡中的二维码进行绑定后即可观看（注：视频内容仅供学习参考，与书中内容并非一一对应）。

虽然已花费大量的时间和精力核对书中的代码和内容，但难免存在纰漏，恳请读者批评指正。

吴光科

2024 年 3 月

致谢

ACKNOWLEDGEMENT

感谢 Linux 之父 Linus Benedict Torvalds，他不仅创造了 Linux 系统，还影响了整个开源世界，也影响了我的一生。

感谢我亲爱的父母，含辛茹苦地抚养我们兄弟三人，是他们对我无微不至的照顾，让我有更多的精力和动力去工作，去帮助更多的人。

感谢陈洪刚、黄宗兴、代敏、陈宽、罗正峰、潘禹之、姚仑、高玲、田鹏、郭新、贺振峰、齐书舵、孙燕龙、闵韬及其他挚友多年来对我的信任和鼓励。

感谢腾讯课堂所有的课程经理及平台老师，感谢 51CTO 副总裁一休及全体工作人员对我及京峰教育培训机构的大力支持。

感谢京峰教育培训机构的每位学员对我的支持和鼓励，希望他们都学有所成，最终成为社会的中流砥柱。感谢京峰教育首席运营官蔡正雄，感谢京峰教育培训机构的辛老师、朱老师、张老师、关老师、兮兮老师、小江老师、可馨老师等全体老师和助教、班长、副班长，是他们的大力支持，让京峰教育能够帮助更多的学员。

最后要感谢我的爱人黄小红，是她一直在背后默默地支持我、鼓励我，让我有更多的精力和时间去完成这本书。

吴光科

2024 年 3 月

目录

CONTENTS

第 1 章　Linux 快速入门

Linux 是一套可免费使用和自由传播的类 UNIX 操作系统，是基于 POSIX（Portable Operating System Interface of UNIX，可移植操作系统接口）和 UNIX 的多用户、多任务、支持多线程和多 CPU 的操作系统。

Linux 广泛用于企业服务器、Web 网站平台、大数据、虚拟化、Android、超级计算机等领域，未来 Linux 将应用于各行各业，例如云计算、物联网、人工智能等。

本章将介绍 Linux 的发展、Linux 的版本特点、32 位及 64 位 CPU 特性及 Linux 内核命名规则。

1.1　Linux 操作系统简介

Linux 操作系统基于 UNIX 以网络为核心的设计思想，是一个性能稳定的多用户网络操作系统。Linux 能运行各种工具软件、应用程序及网络协议，它支持安装在 32 位和 64 位 CPU 硬件上。

Linux 一词本身通常只表示 Linux 内核，但是人们已经习惯用 Linux 来形容整个基于 Linux 内核的操作系统，形容使用 GNU 通用公共许可证（GNU General Public License，GPL）工程各种工具和数据库的操作系统。

GNU 即 GNU is Not UNIX，其目标是创建一套完全自由的操作系统。由于 GNU 兼容 UNIX 系统（注：UNIX 是一种广泛使用的商业操作系统）的接口标准，因此 GNU 计划可以分别开发不同的操作系统部件，并采用部分可以自由使用的软件。

为了保证 GNU 软件可以自由地“使用、复制、修改和发布”，所有的 GNU 软件都在一份禁止其他人添加任何限制的情况下授权所有权利给任何人的协议条款里，这个条款称为 GNU 通用公共许可证。

1991 年 10 月 5 日，Linux 创始人 Linus Torvalds 在 comp.os.minix 新闻组上发布消息，正式向外宣布 Linux 内核的诞生。1994 年 3 月，Linux 1.0 发布，代码量 17 万行。当时完全按照自由免费的协议发布，随后正式采用 GPL 协议。目前 GPL 协议版本包括 GPLv1、GPLv2、GPLv3 及未来的 GPLv4、GPLv5 等。

1.2 Linux 操作系统优点

随着 IT 产业的不断发展，Linux 操作系统应用领域越来越广泛，尤其是近年来 Linux 在服务器领域飞速发展，这主要得益于 Linux 操作系统具备如下优点。

（1）开源、免费。

（2）系统迭代更新快。

（3）系统性能稳定。

（4）安全性高。

（5）多任务，多用户。

（6）耗资源少。

（7）内核小。

（8）应用领域广泛。

（9）使用及入门容易。

1.3 Linux 操作系统发行版

学习 Linux 操作系统需要选择不同的发行版本。Linux 操作系统是一个大类别，Linux 操作系统主流发行版本包括 Red Hat Linux、CentOS、Ubuntu、SUSE Linux、Fedora Linux、Rocky Linux 和 CloudLinux 等。不同发行版本简介如下。

1. Red Hat Linux

Red Hat Linux 是最早的 Linux 发行版本之一，同时也是最著名的 Linux 版本。Red Hat Linux 已经创造了自己的品牌，即读者经常听到的“红帽操作系统”。Red Hat 于 1994 年创立，一直致力于开放的源代码体系，为用户提供一套完整的服务，这使得 Red Hat Linux 特别适合在公共网络中使用。这个版本的 Linux 也使用最新的内核，还拥有大多数人都需要使用的主体软件包。

Red Hat Linux 发行版操作系统的安装过程非常简单，图形安装过程提供简易设置服务器的全部信息，磁盘分区过程可以自动完成，还可以通过图形界面（Graphical User Interface，GUI）完成安装，即使对于 Linux 新手来说也非常简单。后期如果需要批量安装 Red Hat Linux 系统，可以通过批量的工具来实现快速安装。

2. CentOS

社区企业版操作系统（Community Enterprise Operating System，CentOS）是 Linux 发行版之一，来自 Red Hat Enterprise Linux，按照开放源代码编译而成。由于出自同样的源代码，因此有些要求高度稳定性的服务器以 CentOS 替代商业版的 Red Hat Enterprise Linux 使用。

CentOS 与 Red Hat Linux 的不同之处在于，CentOS 并不包含封闭的源代码软件，可以开源免费使用，得到运维人员、企业、程序员的青睐。CentOS 发行版操作系统是目前企业使用最多的系统之一。2016 年 12 月 12 日，CentOS 7 基于 Red Hat Enterprise Linux 的 CentOS Linux 7 (1611) 系统正式对外发布。

3. Ubuntu

Ubuntu 是一个以桌面应用为主的 Linux 操作系统，其名称来自非洲南部祖鲁语或豪萨语的“ubuntu”一词（音译为吾帮托或乌班图）。

Ubuntu 基于 Debian 发行版和 GNOME 桌面环境，Ubuntu 发行版操作系统的目标在于为一般用户提供一个最新且稳定的以开放自由软件构建而成的操作系统。目前 Ubuntu 具有庞大的社区力量，用户可以方便地从社区获得帮助。

4. SUSE Linux

SUSE（/'su：sə/）Linux 出自德国。该产品隶属于 SUSE Linux AG 公司。2004 年 1 月，Novell 收购了 SUSE Linux。

Novell 保证 SUSE 的开发工作仍会继续下去，Novell 更把公司内全线电脑的系统换成 SUSE Linux，并表示将会把 SUSE 特有而优秀的系统管理程序——YaST2 以 GPL 授权释出。

5. Fedora Linux

Fedora 是一个知名的 Linux 发行版，是一款由全球社区爱好者构建的面向日常应用的快速、稳定、强大的操作系统。它允许任何人自由地使用、修改和重发布，无论现在还是将来。它由一个强大的社群开发，这个社群的成员以自己的不懈努力，提供并维护自由、开放源码的软件和开放的标准。

约每 6 个月，Fedora 会发布新版本。美国当地时间 2015 年 11 月 3 日，北京时间 2015 年 11 月 4 日，Fedora Project 宣布 Fedora 23 正式对外发布，美国当地时间 2017 年 6 月，Fedora 26 发布。

6. Rocky Linux

Rocky Linux 是一个社区化的企业级操作系统。其设计为的是与 CentOS 实现 100% Bug 级兼容，而原因是后者的下游合作伙伴转移了发展方向。目前社区正在集中力量发展有关设施。Rocky Linux 由 CentOS 项目的创始人 Gregory M. Kurtzer 领导。

Red Hat 决定使用一个滚动发布模型 CentOS Stream 来替代稳定的 CentOS Linux。

有一种简单的方法可以从 CentOS 8 迁移到 CentOS Stream，但并不是每个人都希望在生产服务器上采用滚动发行版本。尽管有许多可用的服务器发行版，但 CentOS 是首选，因为它是 RHEL 的免费社区版本。

人们想要 RHEL 的社区分支，这就是为什么 CentOS 的原始创建者 Gregory M. Kurtzer 为全新的 Rocky Linux 创建了一个存储库，它与 RHEL 完全兼容。

7. CloudLinux

Rocky Linux 并不是唯一一个试图填补 CentOS 留下空白的系统。面向企业的服务器发行版，CloudLinux 已经宣布他们也在致力于 RHEL 的社区驱动分支。该公司提供定制的 RHEL 和 CentOS 解决方案已有 11 年之久。CloudLinux 已于 2021 年第一季度发布了一个开源的、由社区驱动的 RHEL 分支。

CloudLinux Inc.是一家总部位于美国的公司，开发、销售并支持基于 RHEL 的定制操作系统，例如 CloudLinux OS、CloudLinux OS+，并为 CentOS 6 提供扩展的生命周期支持。

该公司成立于 2009 年，拥有大量的 Linux 专家，长期致力于 Linux 系统研发，他们研发的开源 CloudLinux 是 CentOS 的绝佳替代品之一。

如果用户使用的是 CentOS 8，他们将发布与其非常相似的操作系统。他们还将提供稳定且经过测试的更新版本。最重要的是，用户将能够通过执行一个命令来从 CentOS 8 迁移到 CloudLinux，该命令将切换仓库和密钥。

IBM 虽然消灭了 CentOS，但社区已经带来了两个 CentOS。这对大公司来说是一个教训，开源社区不是企业垄断的地方。

1.4　32 位与 64 位操作系统的区别

学习 Linux 操作系统之前，需要理解计算机基本的常识。计算机内部对数据的传输和储存都是使用二进制，二进制是计算技术中广泛采用的一种数制，而 bit（比特）则表示二进制位，二进制数是用 0 和 1 两个数码来表示的数。基数为 2，进位规则是“逢二进一”，0 或者 1 分别表示一个 bit（二进制位）。

bit 位是计算机最小单位，而字节（byte）是计算机中数据处理的基本单位，转换单位为：1byte=8bit，4byte=32bit。

CPU 的位数指的是通用寄存器（General-Purpose Registers，GPRs）的数据宽度，也就是处理器一次可以处理的数据量多少。

目前，主流 CPU 处理器分为 32 位 CPU 处理器和 64 位 CPU 处理器。32 位 CPU 处理器可以一次性处理 4 字节的数据量，而 64 位处理器可以一次性处理 8 字节的数据量（1byte=8bit）。64 位 CPU 处理器在 RAM 里（随机存取储存器）处理信息的效率比 32 位 CPU 更高。

X86_32 位操作系统和 X86_64 操作系统也是基于 CPU 位数的支持，具体区别如下。

（1）32 位操作系统表示 32 位 CPU 对内存寻址的能力。

（2）64 位操作系统表示 64 位 CPU 对内存寻址的能力。

（3）32 位的操作系统安装在 32 位 CPU 处理器和 64 位 CPU 处理器上。

（4）64 位操作系统只能安装 64 位 CPU 处理器上。

（5）32 位操作系统对内存寻址不能超过 4GB。

（6）64 位操作系统对内存寻址可以超过 4GB，企业服务器更多安装 64 位操作系统，支持更多内存资源的利用。

（7）64 位操作系统是为高性能处理需求设计，可满足数据处理、图片处理、实时计算等需求。

（8）32 位操作系统是为普通用户设计，可满足普通办公、上网冲浪等需求。

1.5　Linux 内核命名规则

Linux 内核是 Linux 操作系统的核心，一个完整的 Linux 内核包括进程管理、内存管理、文件系统、系统管理、网络操作等部分。

Linux 内核官网可以下载 Linux 内核版本、现行版本、历史版本，有助于了解不同版本的特性。

Linux 内核版本在不同的时期有不同的命名规范，其中在 2.X 版本中，X 如果为奇数则表示开发版，X 如果为偶数则表示稳定版；从 2.6.X 及 3.X 版本起，内核版本命名就不再有严格的约定规范。

从 Linux 内核 1994 年 1.0 发布，到目前主流的 3.X、4.X 版本，最新稳定版本是 5.17。Linux 操作系统内核如图 1-1 所示。

```
[root@www-jfedu-net ~]# uname -a
Linux www-jfedu-net 3.10.0-1062.el7.x86_64 #1 SMP Wed Aug 7 18:08:02 UTC 2019 x86_64 x86_64 x
86_64 GNU/Linux
[root@www-jfedu-net ~]#
```

图 1-1 操作系统内核

Linux 内核命名格式为“R.X.Y–Z”，其中 R、X、Y、Z 命名意义如下。

（1）数字 R 表示内核版本号，只有在代码和内核有重大改变的时候才会改变。

（2）数字 X 表示内核主版本号，根据传统的奇偶系统版本编号来分配，奇数为开发版，偶数为稳定版。

（3）数字 Y 表示内核次版本号，在内核增加安全补丁、修复 Bug、实现新的特性或者驱动时都会改变。

（4）数字 Z 表示内核小版本号，会随着内核功能的修改、Bug 修复而发生变化。

官网内核版本如图 1-2 所示。其中，mainline 表示主线开发版本；stable 表示稳定版本，稳定版本主要由 mainline 测试通过而发布；longterm 表示长期支持版，会持续更新及修复 Bug，如果长期版本被标记为 EOL（End of Life），则表示不再提供更新。

Protocol Location
HTTP
GIT
RSYNC

Latest Release
5.14.1

mainline:	5.14	2021-08-29	[tarball]	[pgp]	[patch]		[view diff]	[browse]	
stable:	5.14.1	2021-09-03	[tarball]	[pgp]	[patch]		[view diff]	[browse]	[changelog]
stable:	5.13.14	2021-09-03	[tarball]	[pgp]	[patch]	[inc. patch]	[view diff]	[browse]	[changelog]
longterm:	5.10.62	2021-09-03	[tarball]	[pgp]	[patch]	[inc. patch]	[view diff]	[browse]	[changelog]
longterm:	5.4.144	2021-09-03	[tarball]	[pgp]	[patch]	[inc. patch]	[view diff]	[browse]	[changelog]
longterm:	4.19.206	2021-09-03	[tarball]	[pgp]	[patch]	[inc. patch]	[view diff]	[browse]	[changelog]
longterm:	4.14.246	2021-09-03	[tarball]	[pgp]	[patch]	[inc. patch]	[view diff]	[browse]	[changelog]
longterm:	4.9.282	2021-09-03	[tarball]	[pgp]	[patch]	[inc. patch]	[view diff]	[browse]	[changelog]
longterm:	4.4.283	2021-09-03	[tarball]	[pgp]	[patch]	[inc. patch]	[view diff]	[browse]	[changelog]
linux-next:	next-20210906	2021-09-06						[browse]	

图 1-2 官网内核版本

第 2 章　Linux 发展及系统安装

随着互联网飞速发展，用户对网站体验的要求也越来越高。目前主流 Web 网站后端承载系统均为 Linux 操作系统，Android 手机也基于 Linux 内核而研发，企业大数据、云存储、虚拟化等先进技术也均以 Linux 操作系统为载体，满足企业的高速发展。

本章将介绍 Linux 的发展前景、Windows 与 Linux 操作系统的区别、硬盘分区、CentOS 7 Linux 操作系统安装及菜鸟学好 Linux 的必备大绝招。

2.1　Linux 发展前景及就业形势

根据权威部门统计，未来几年内我国软件行业的从业机会十分庞大，中国每年对 IT 软件人才的需求将达到 200 万人左右。而 Linux 专业人才的就业前景更是广阔：据悉，在未来 5～10 年内 Linux 专业人才的需求将达到 150 万人，尤其是有 Linux 行业经验的、资深的 Linux 工程师非常缺乏。薪资也非常诱人，平均月薪 15 000～25 000 元，甚至更高，Linux 行业薪资如图 2-1 所示。

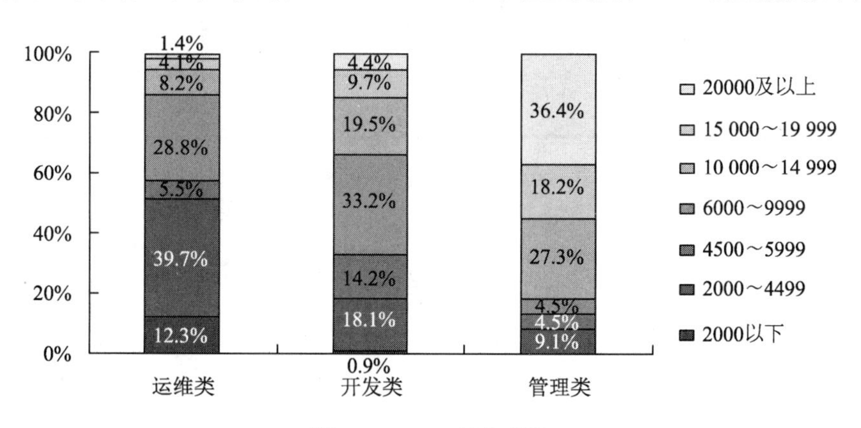

图 2-1　Linux 行业薪资

2.2 Windows 操作系统简介

为什么要学习 Windows 操作系统呢？了解 Windows 系统结构，有助于快速学习 Linux 操作系统。

计算机硬件组成包括 CPU、内存、网卡、硬盘、DVD 光驱、电源、主板、显示器、鼠标、键盘等设备。计算机硬件是不能直接被人使用的，需要在其上安装各种操作系统，并安装驱动程序，方可进行办公、上网冲浪等操作。

计算机的主要硬件组成详细介绍如下。

（1）CPU：中央处理器，相当于人的大脑。

（2）内存：存储设备，用于临时存储。CPU 所需数据从内存中读取，内存读写速度很快。

（3）硬盘：持久化设备，内存空间小，费用高，大量的数据存在硬盘，硬盘读写速度比内存慢。

驱动程序主要指设备驱动程序（Device Driver），是一种可以使计算机系统和设备通信的特殊程序，相当于硬件的接口，操作系统只有通过这个接口，才能控制硬件设备，进行资源调度。

Windows 操作系统主要以窗口形式对用户展示。操作系统须安装在硬盘上，安装系统之前需对硬盘进行分区并格式化。默认 Windows 操作系统安装在 C 盘分区，D 盘分区用于存放数据文件。

格式化需要指定格式化的类型，告诉操作系统如何去管理磁盘空间，文件如何存放，如何查找及调用。操作系统不知道怎么存放文件以及文件结构，文件系统的概念就诞生了。

文件系统是操作系统用于明确磁盘或分区上存放文件的方法和数据存储结构。文件系统由 3 部分组成：文件管理相关软件、被管理文件及实施文件管理所需的数据结构。

Windows 操作系统中，文件系统类型一般有 FAT、FAT16、FAT32、NTFS 等，不同的文件系统类型有不同的特性，例如，NTFS 类型支持文件及文件夹安全设置，而 FAT32 文件系统类型不支持；NTFS 支持单文件，单个磁盘分区的容量不超过 2TB，而 FAT32 单个最大文件不能超过 4GB。

Windows 操作系统从设计层面来讲，主要用来管理电脑硬件与软件资源的程序，大致包括 5 方面的管理功能：进程与处理机管理、作业管理、存储管理、设备管理、文件管理。Windows 操作系统从个人使用角度来讲，主要有个人电脑办公、软件安装、上网冲浪、游戏、数据分析、数据存储等功能。

2.3 硬盘分区简介

学习 Windows、Linux 操作系统，必然要了解硬盘设备。硬盘是电脑主要的存储媒介之一，硬盘要能够安装系统或者存放数据，必须进行分区和格式化。Windows 系统常见分区有 3 种：主磁盘分区、扩展磁盘分区和逻辑磁盘分区。

一块硬盘设备，主分区至少有 1 个，最多 4 个，扩展分区可以为 0，最多 1 个，且主分区+扩展分区总数不能超过 4 个，逻辑分区可以有若干。在 Windows 下激活的主分区是硬盘的启动分区，是独立的，也是硬盘的第一个分区，通常就是 C 盘系统分区。

扩展分区不能直接用，需以逻辑分区的方式来使用。扩展分区可分成若干逻辑分区，二者是包含的关系，所有的逻辑分区都是扩展分区的一部分。

在 Windows 系统安装时，硬盘驱动器通过磁盘 0、磁盘 1 来显示，其中磁盘 0 表示第一块硬盘，磁盘 1 表示第二块硬盘，然后在第一块硬盘磁盘 0 上进行分区，最多不能超过 4 个主分区，分区为 C、D、E、F。

硬盘接口是硬盘与主机系统间的连接部件，作用是在硬盘缓存和主机内存之间传输数据。不同的硬盘接口决定着硬盘与计算机之间的连接速度，在整个系统中，硬盘接口的优劣直接影响程序运行快慢和系统性能好坏。常见的硬盘接口类型有 IDE（Integrated Drive Electronics）、SATA（Serial Advanced Technology Attachment）、SCSI（Small Computer System Interface）、SAS（Serial Attached SCSI）和光纤通道等。

IDE 接口的硬盘多用于家用，部分也应用于传统服务器；SCSI、SAS 接口的硬盘则主要应用于服务器市场；而光纤通道用于高端服务器；SATA 主要用于个人家庭办公电脑及低端服务器。

在 Linux 操作系统中，可以看到硬盘驱动器的第一块 IDE 硬盘接口的硬盘设备为 hda，或者 SATA 硬盘接口的硬盘设备为 sda，主分区编号为 hda1–4 或者 sda1–4，逻辑分区从 5 开始。如果有第二块硬盘，主分区编号为 hdb1–4 或者 sdb1–4。

不管是 Windows 还是 Linux 操作系统，硬盘的总容量=主分区的容量+扩展分区的容量，而扩展分区的容量=各逻辑分区的容量之和。主分区也可成为“引导分区”，会被操作系统和主板认定为这个硬盘的第一个分区，所以 C 盘永远都排在所有磁盘分区的第一位置上。

MBR（Master Boot Record）和 GPT（GUID Partition Table）是在磁盘上存储分区信息的两种不同方式。这些分区信息包含分区从哪里开始的信息，这样操作系统才知道哪个扇区属于哪个分区，以及哪个分区可以启动操作系统。

在磁盘上创建分区时，必须选择 MBR 或者 GPT，默认是 MBR，也可以通过其他方式修改为 GPT 方式。MBR 分区的硬盘最多支持 4 个主分区，如果希望支持更多主分区，可以考虑使用 GPT 格式分区。

2.4 Linux 安装环境准备

要学好 Linux 这门技术，首先需安装 Linux 操作系统，Linux 操作系统安装是每个初学者的必备技能。而安装 Linux 操作系统，最大的困惑莫过于对操作系统进行磁盘分区。

虽然目前各种发行版本的 Linux 已经提供了友好的图形交互界面，但很多初学者还是感觉无从下手，原因主要是不清楚 Linux 的分区规定。

Linux 系统安装中规定，每块硬盘设备最多只能分 4 个主分区（其中包含扩展分区），任何一个扩展分区都要占用一个主分区号码，也就是在一个硬盘中，主分区和扩展分区一共最多是 4 个。

为了让读者能将本书所有 Linux 技术应用于企业，本书案例以企业里主流 Linux 操作系统 CentOS 为蓝本，目前主流 CentOS 发行版本为 CentOS 8。

安装 CentOS 操作系统时，如果没有多余的计算机裸机设备，可以在 Windows 主机上安装 VMware Workstation 工具，该工具可以在 Windows 主机上创建多个计算机裸机设备资源，包括 CPU、内存、硬盘、网卡、DVD 光驱、USB 接口、声卡，创建的多个计算机裸机设备共享 Windows 主机的所有资源。

安装 CentOS 操作系统时，如果有多余的计算机裸机设备或者企业服务器，可以将 CentOS 系统直接安装在多余的设备上。安装之前需要下载 CentOS 8 操作系统镜像文件（International Organization for Standardization，ISO 9660 标准），通过刻录工具，将 ISO 镜像文件刻录至 DVD 光盘或者 U 盘，通过 DVD 或者 U 盘启动然后安装系统。

以下为在 Windows 主机上安装 VMware Workstation 虚拟机软件，虚拟机软件的用途是可以在真实机上模拟一个新的计算机完整的资源设备，进而可以在计算机裸设备上安装 CentOS 8 操作系统。步骤如下。

（1）安装环境准备。

准备安装 VMware Workstation 14.0 及 CentOS 8 x86_64。

（2）VMware Workstation 14.0 下载。

（3）CentOS 8 操作系统 ISO 镜像下载。

（4）将 VMware Workstation 14.0 和 CentOS 8.0 ISO 镜像文件下载至 Windows 系统，双击 VMware-workstation-full-14.0.0-6661328.exe，根据提示完成安装，会在 Windows 桌面显示 VMware Workstation 图标，如图 2-2 所示。

图 2-2　VMware Workstation 图标

（5）双击桌面上的 VMware Workstation 图标打开虚拟机软件，单击“创建新的虚拟机”，如图 2-3 所示。

图 2-3　VMware Workstation 创建新的虚拟机

（6）新建虚拟机向导，选中“自定义（高级）(C)”单选按钮，如图 2-4 所示。

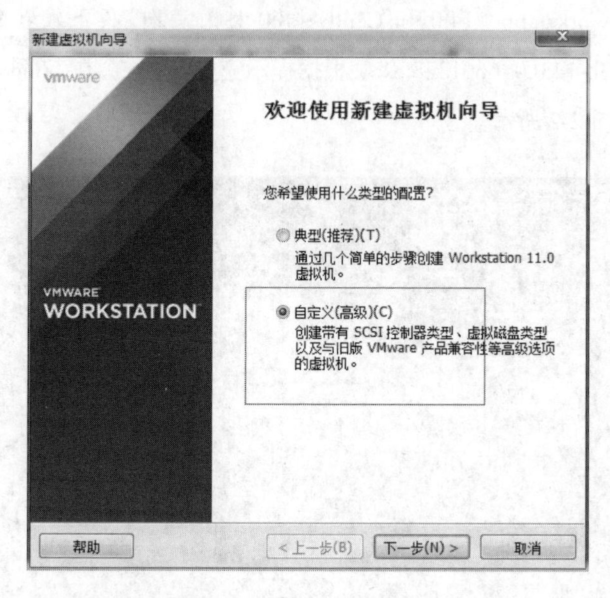

图 2-4　创建虚拟机向导

（7）安装客户机操作系统，选中“稍后安装操作系统(S)”单选按钮，如图 2-5 所示。

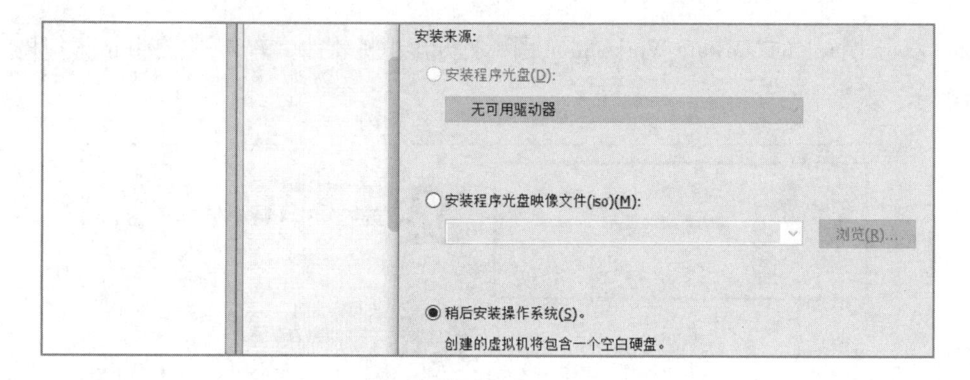

图 2-5　安装客户机操作系统

（8）选择客户机操作系统，由于即将安装 CentOS 8 操作系统，所以需要填写虚拟机名称，如图 2-6 所示。

（9）虚拟机内存设置，默认为 1024MB，如图 2-7 所示。

（10）选择虚拟机网络类型，此处选择网络连接为“使用桥接网络(R)”，如图 2-8 所示。

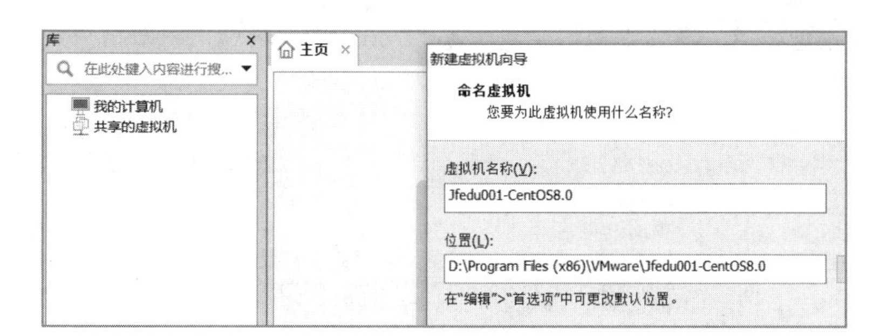

图 2-6 操作系统版本

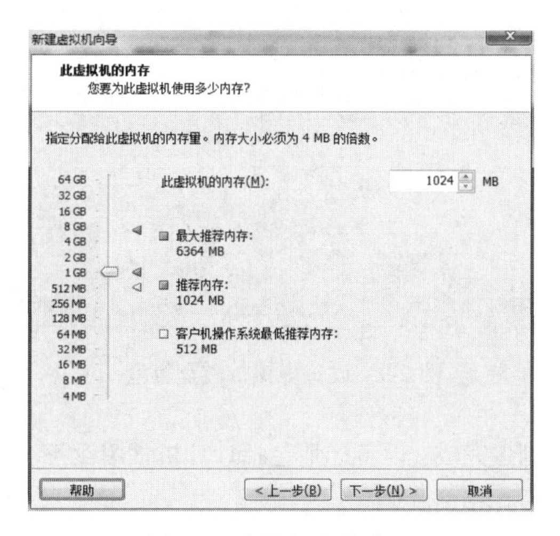

图 2-7 虚拟机内存分配

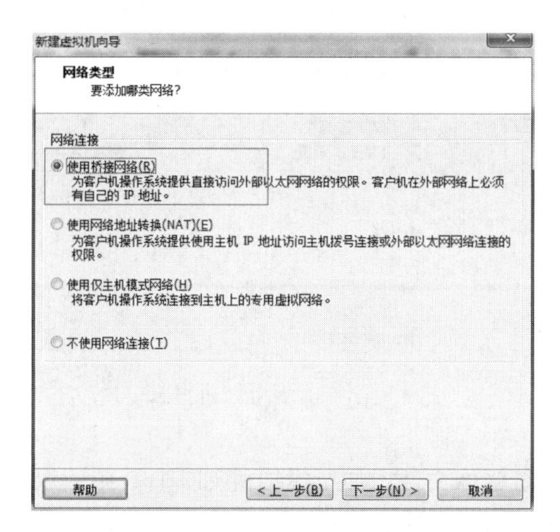

图 2-8 虚拟机网络类型

（11）指定磁盘容量，设置虚拟机硬盘大小为 40.0GB，将虚拟磁盘拆分成多个文件，如图 2-9 所示。

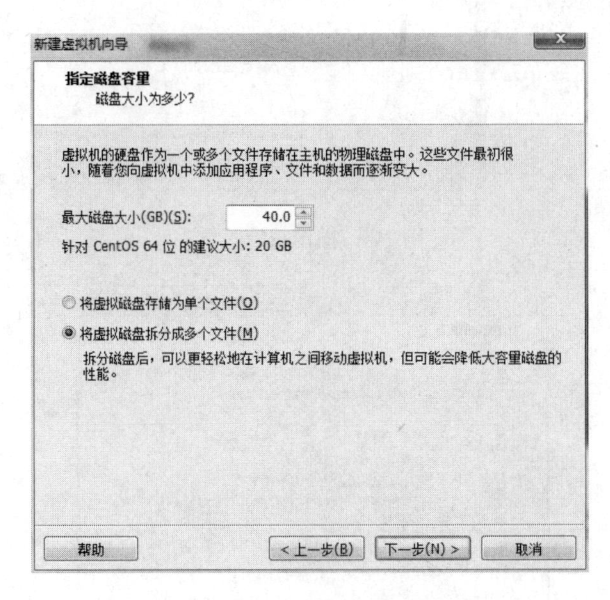

图 2-9　设置虚拟机磁盘容量

（12）虚拟机硬件资源创建完成，设备详情包括计算机常用设备，例如内存、处理器、硬盘、CD/DVD、网络适配器等，如图 2-10 所示。

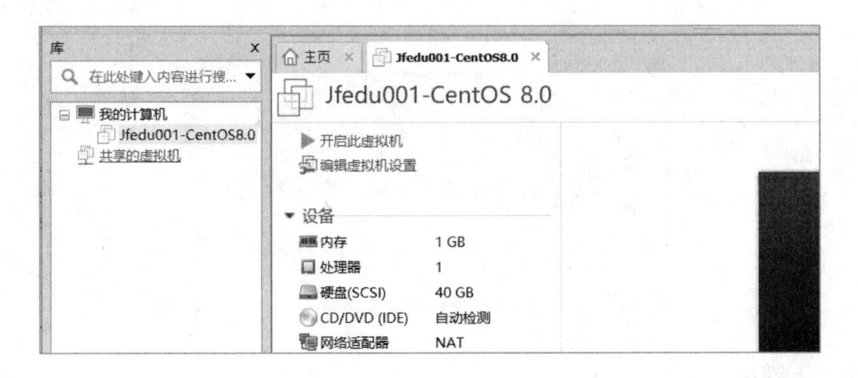

图 2-10　虚拟机裸机设备

（13）将 CentOS ISO 系统镜像文件添加至虚拟机 CD/DVD 中，双击虚拟机“CD/DVD（IDE）自动检测”选项，在弹出的“浏览 ISO 映像”窗口中选择 CentOS-8.0-x86_64-1905-DVD1.iso 镜像文件，如图 2-11 所示。

图 2-11　选择系统安装镜像

2.5　CentOS 7.x 系统安装图解

环境准备好后（选择好镜像文件），单击“开启此虚拟机”，即可开始安装，如图 2-12 所示。

图 2-12　启动虚拟机

（1）用上下键选择第一项，按 Enter 键开始安装，如图 2-13 所示。

（2）继续按 Enter 键启动安装进程，进入光盘检测，按 Esc 键跳过检测，如图 2-14 所示。

（3）在 CentOS 7.x 欢迎界面，选择安装过程中界面显示的语言，初学者可以选择“简体中文”或者默认 English，如图 2-15 所示。

（4）选择系统语言，安装系统语言与时区，时区推荐选择亚洲/上海，如图 2-16 所示。

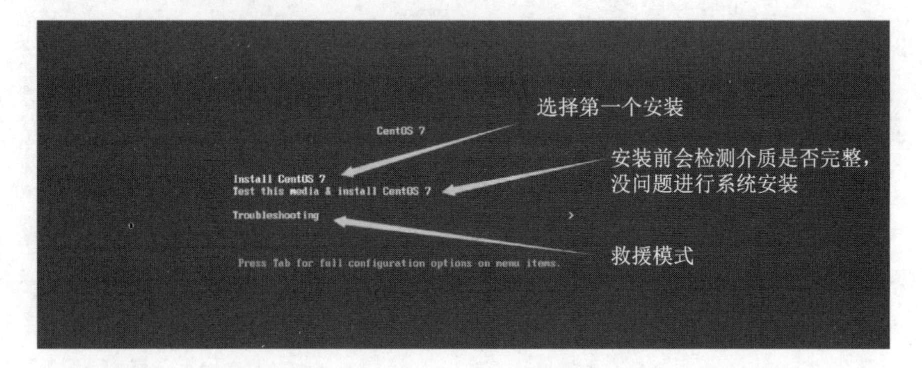

图 2-13　选择安装菜单

```
 -  Press the        key to begin the installation process.

[  OK  ] Started Show Plymouth Boot Screen.
[  OK  ] Reached target Paths.
[  OK  ] Reached target Basic System.
[    7.169044] sd 2:0:0:0: [sda] Assuming drive cache: write through
[    7.259535] dracut-initqueue[671]: mount: /dev/sr0 is write-protected, mounting read-only
[  OK  ] Started Show Plymouth Boot Screen.
[  OK  ] Reached target Paths.
[  OK  ] Reached target Basic System.
[    7.259535] dracut-initqueue[671]: mount: /dev/sr0 is write-protected, mounting read-pnly
[  OK  ] Created slice system-checkisomd5.slice.
         Starting Media check on /dev/sr0...
/dev/sr0:   47d6f1bdfe9ab61a3b7a9a7227639841
Fragment sums: cc495d9e136c81ead92f382ef2f9d59118269d277a5cd55b91f6368991c1
Fragment count: 20
Press [Esc] to abort check.
Checking: 001.0%
```

图 2-14　跳过 ISO 镜像检测

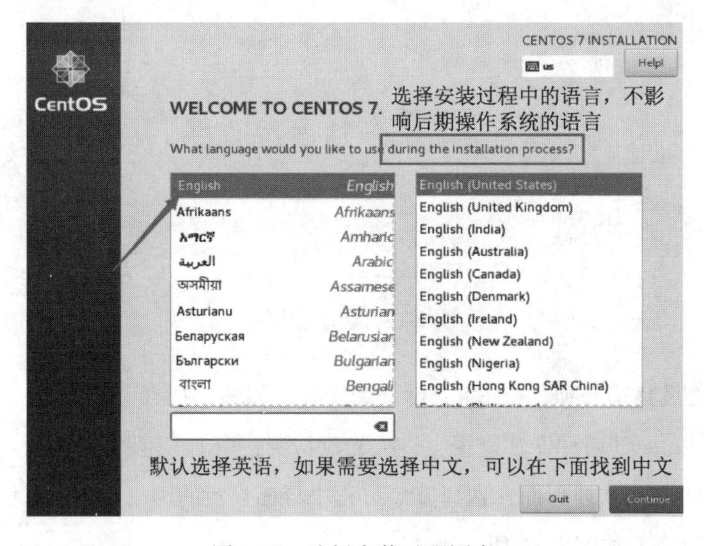

图 2-15　选择安装过程语言

图 2-16　选择系统时区与语言

（5）选择系统软件安装源，这里使用本地 ISO 镜像源。要安装的软件包选择最小化安装即可，如图 2-17 所示。

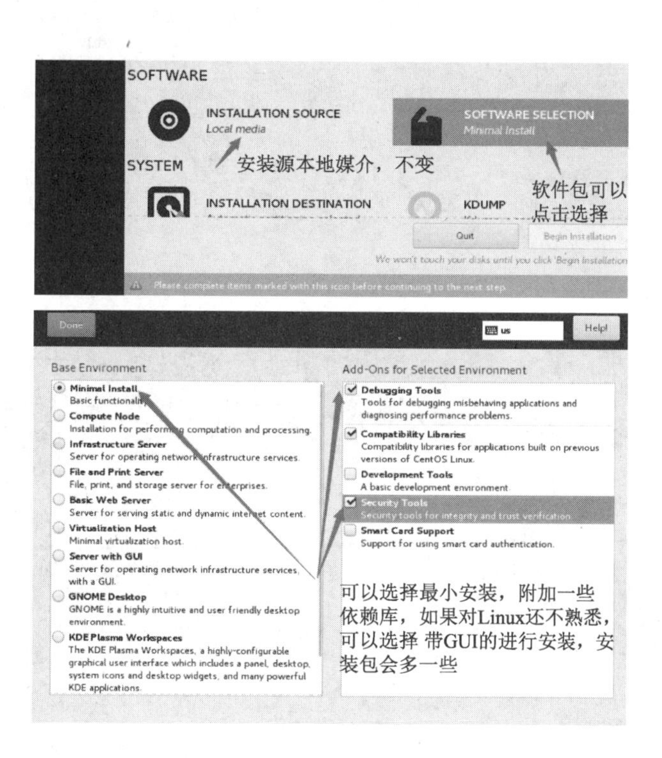

图 2-17　选择安装包

（6）对操作系统进行分区，如图 2-18～图 2-24 所示。

图 2-18　选择操作系统分区

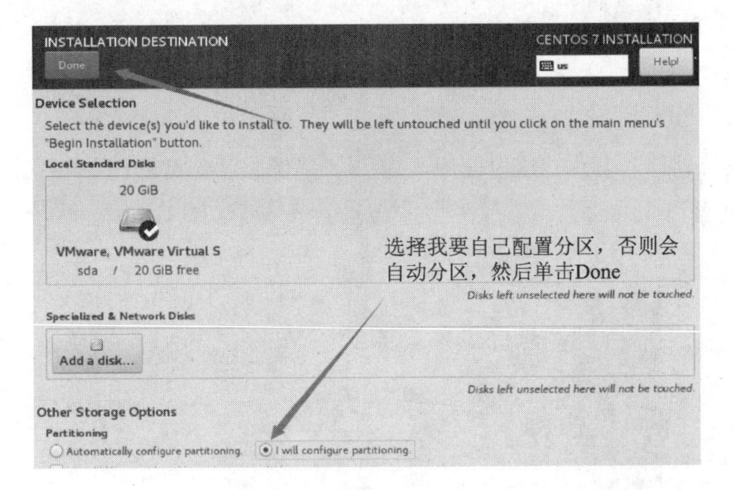

图 2-19　选择手动分区

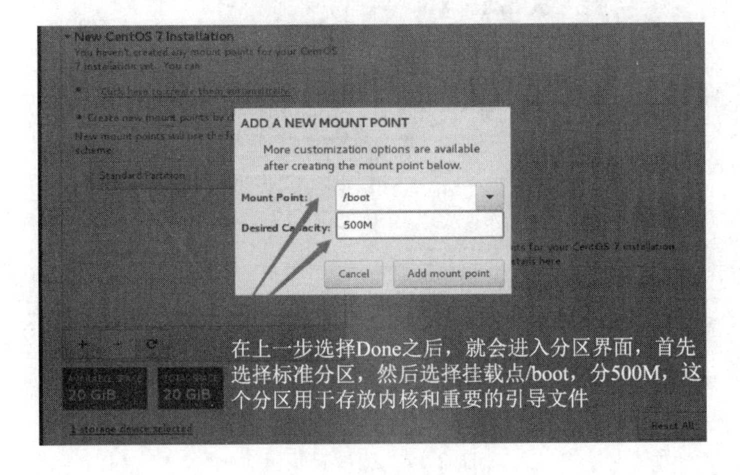

图 2-20　创建 boot 分区

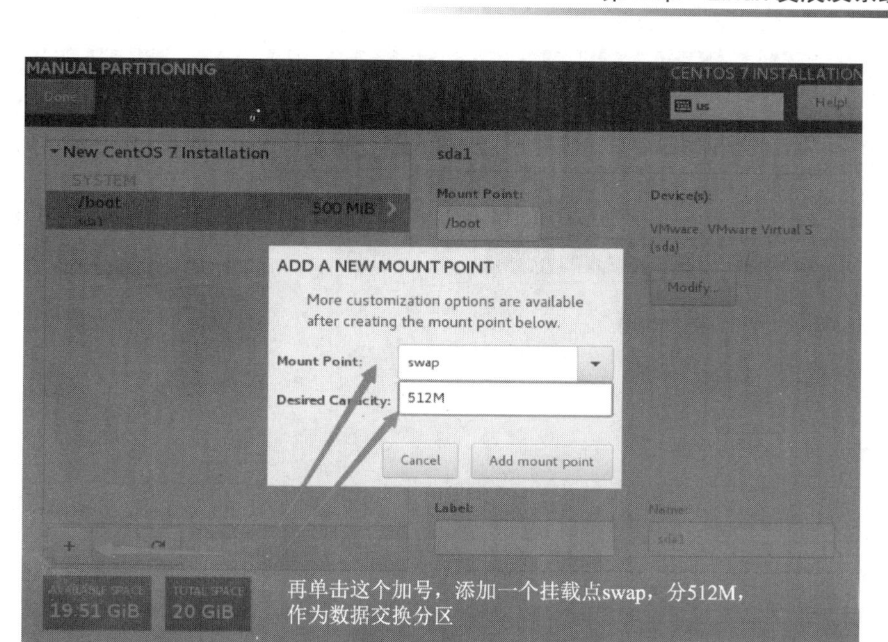

图 2-21　创建 swap 分区

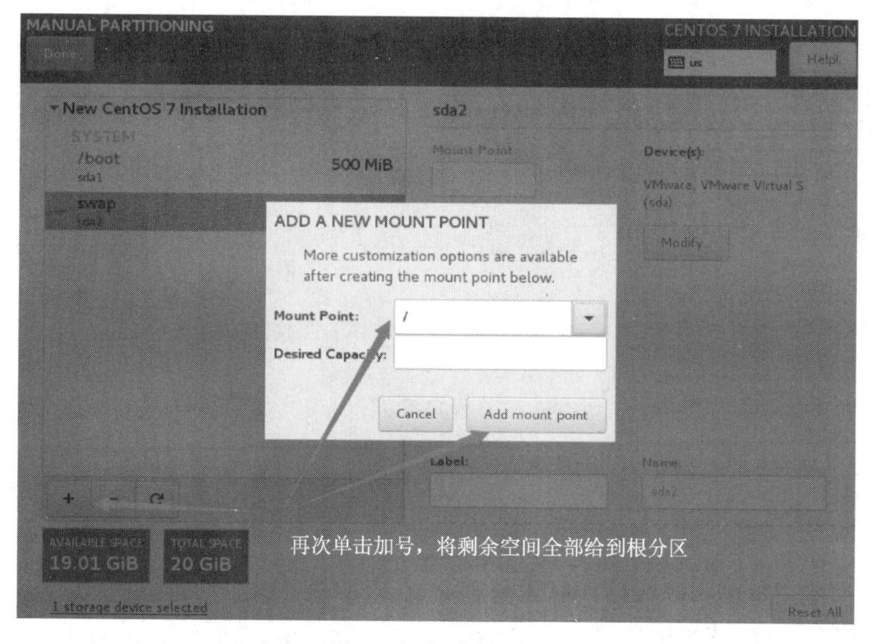

图 2-22　创建根分区

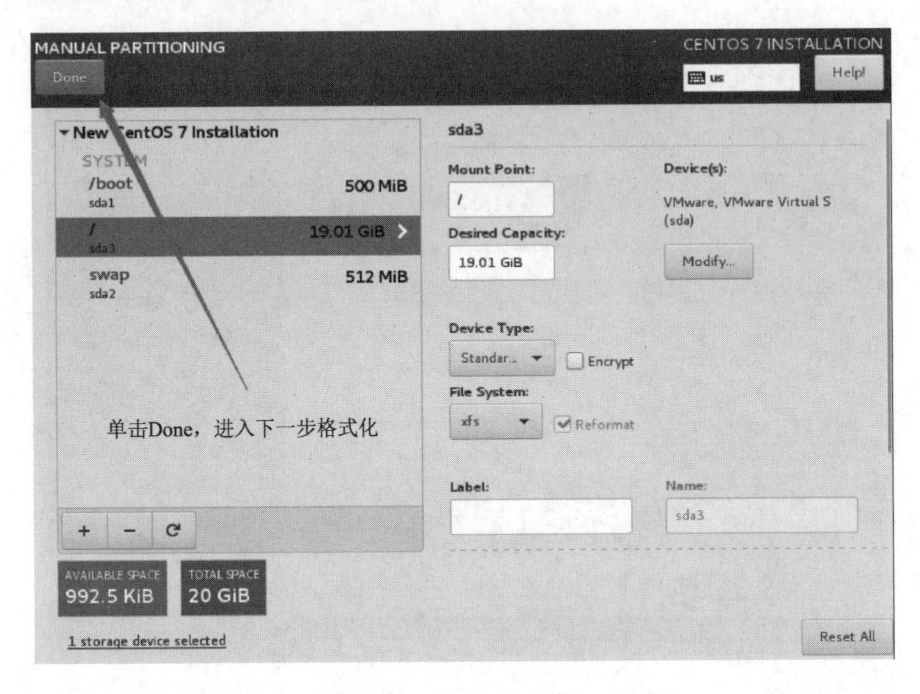

图 2-23　选择完成

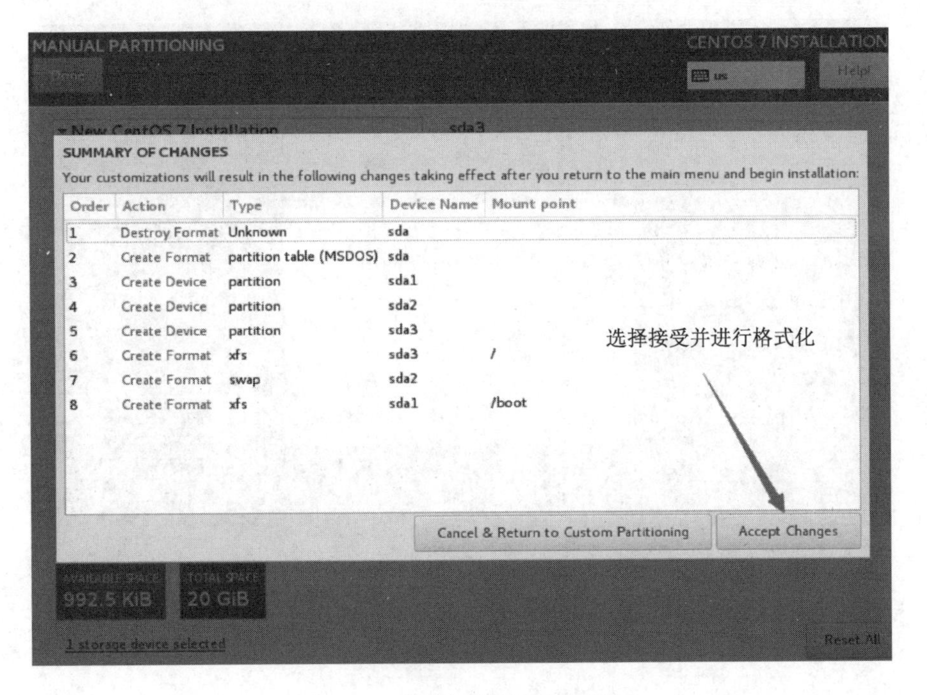

图 2-24　选择接受并进行格式化

（7）选择网络，如图 2-25 和图 2-26 所示。

图 2-25　选择网络

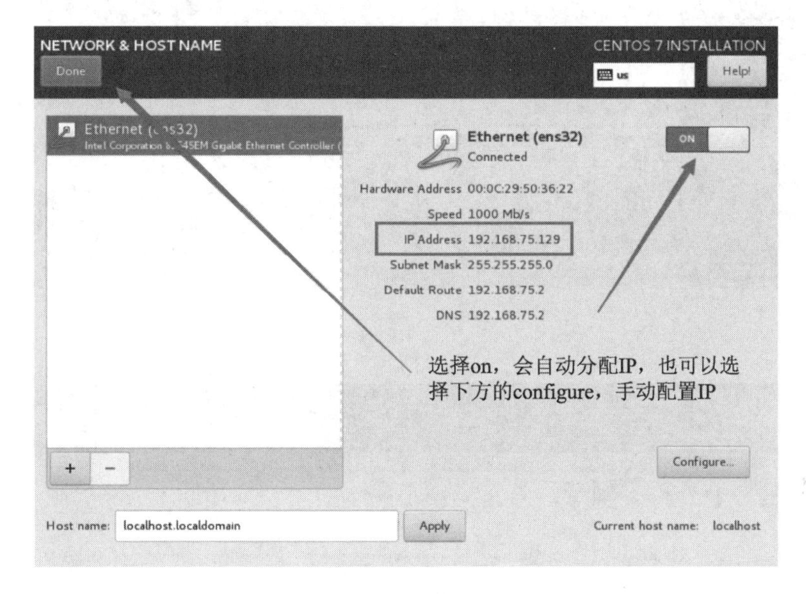

图 2-26　开启网卡

（8）单击 Begin Installation 按钮开始安装，如图 2-27 所示。

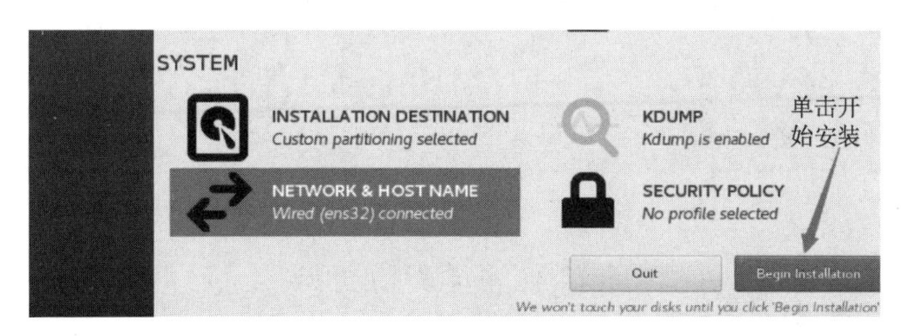

图 2-27　开始安装

（9）配置管理员密码，如图 2-28 所示。

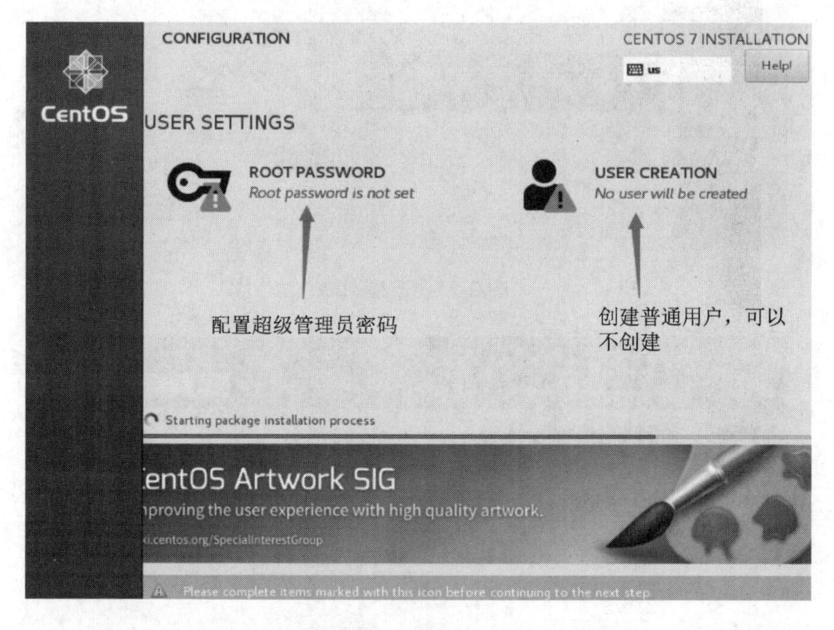

（a）

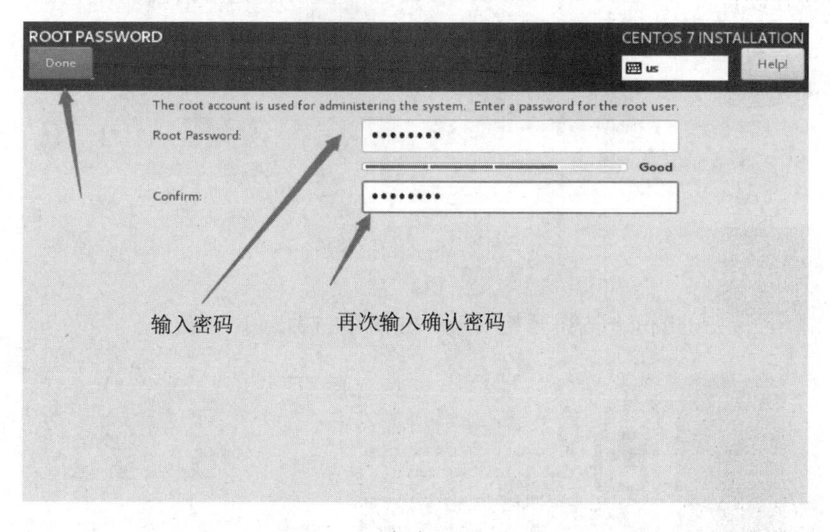

（b）

图 2-28　配置管理员密码

（10）安装完成，重启服务器即可通过远程工具连接，如图 2-29 所示。

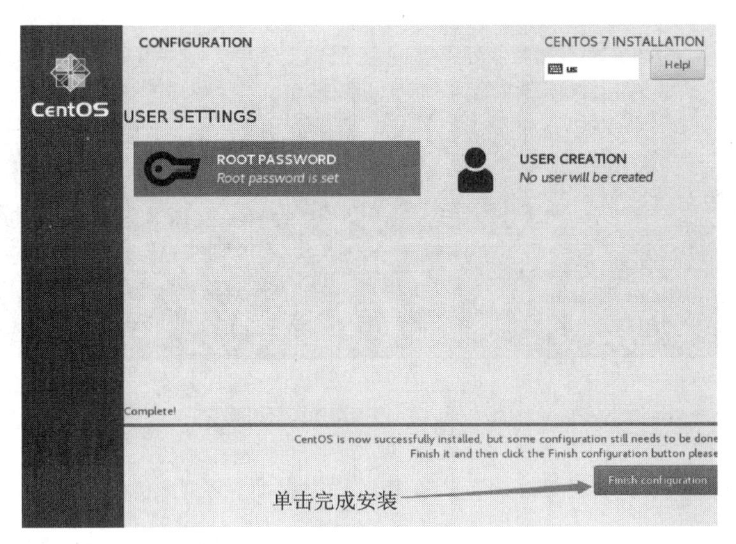

图 2-29　安装完成

2.6　CentOS 8.x 系统安装图解

如果直接在硬件设备上安装 CentOS 系统，则不需要安装虚拟机等步骤。直接将 U 盘插入 USB 接口，或者将光盘插入 DVD 光驱，打开电源设备。

（1）如图 2-30 所示，通过光标选择第一项 Install CentOS Linux 8.0.1905，直接按 Enter 键进行系统安装。

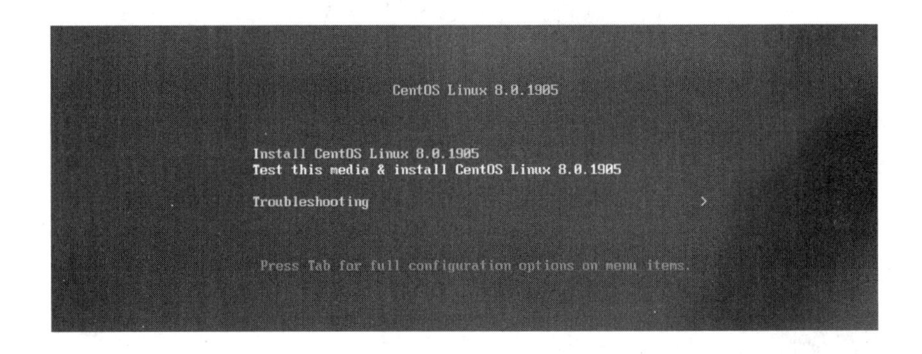

图 2-30　选择安装菜单

（2）继续按 Enter 键启动安装进程，进入光盘检测，按 Esc 键跳过检测，如图 2-31 所示。

```
- Press the <ENTER> key to begin the installation process.

[  OK  ] Started Show Plymouth Boot Screen.
[  OK  ] Reached target Paths.
[  OK  ] Reached target Basic System.
[    7.169044] sd 2:0:0:0: [sda] Assuming drive cache: write through
[    7.259535] dracut-initqueue[671]: mount: /dev/sr0 is write-protected, mounting read-only
[  OK  ] Started Show Plymouth Boot Screen.
[  OK  ] Reached target Paths.
[  OK  ] Reached target Basic System.
[    7.259535] dracut-initqueue[671]: mount: /dev/sr0 is write-protected, mounting read-only
[  OK  ] Created slice system-checkisomd5.slice.
         Starting Media check on /dev/sr0...
/dev/sr0:   47d6f1bdfe9ab61a3b7a9a7227639841
Fragment sums: cc495d9e136c01ead92f382ef2f9d59118269d277a5cd55b91f6360991c1
Fragment count: 20
Press [Esc] to abort check.
Checking: 001.0%
```

图 2-31　跳过 ISO 镜像检测

（3）来到 CentOS 8.0 欢迎界面，选择安装过程中界面显示的语言，初学者可以选择“简体中文”或者默认 English，如图 2-32 所示。

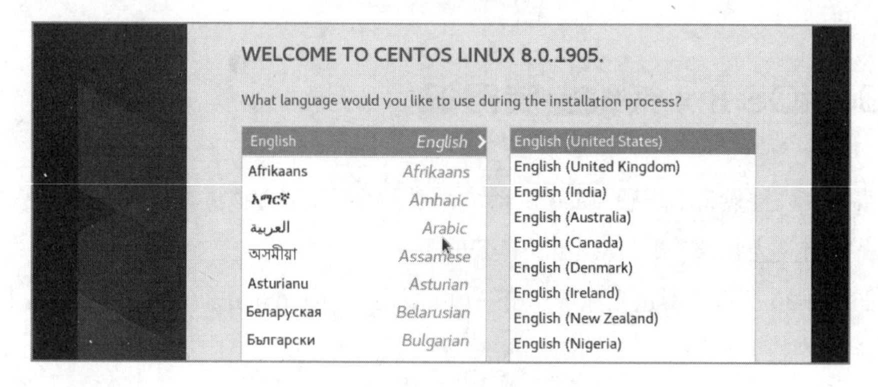

图 2-32　选择安装过程语言

（4）CentOS 8.0 Installation Summary 安装总览界面如图 2-33 所示。

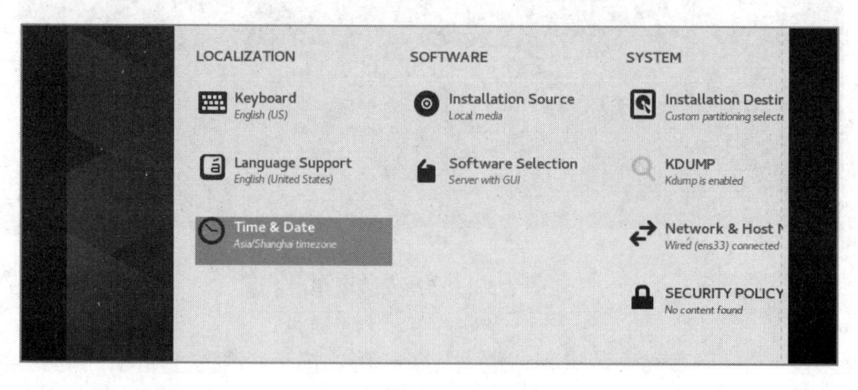

图 2-33　CentOS 8.0 Installation Summary 安装总览界面

（5）选中 Automatic 或 Custom 单选按钮，如图 2-34 所示。

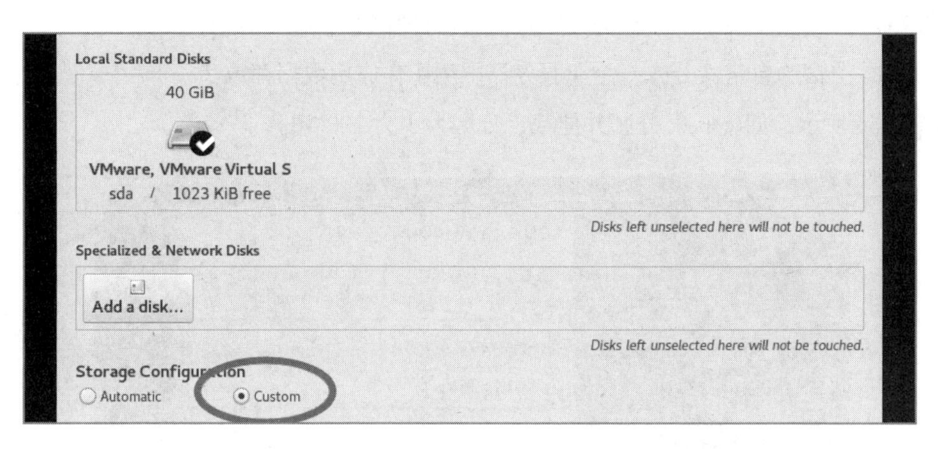

图 2-34 磁盘分区方式选择

（6）单击 Done 按钮，在弹出的下拉列表框中选择 Standard Partition，单击+创建分区。

（7）Linux 操作系统分区与 Windows 操作系统分区 C 盘、D 盘有很大区别，Linux 操作系统采用树形的文件系统管理方式，所有的文件存储以/（根）开始，如图 2-35 所示。

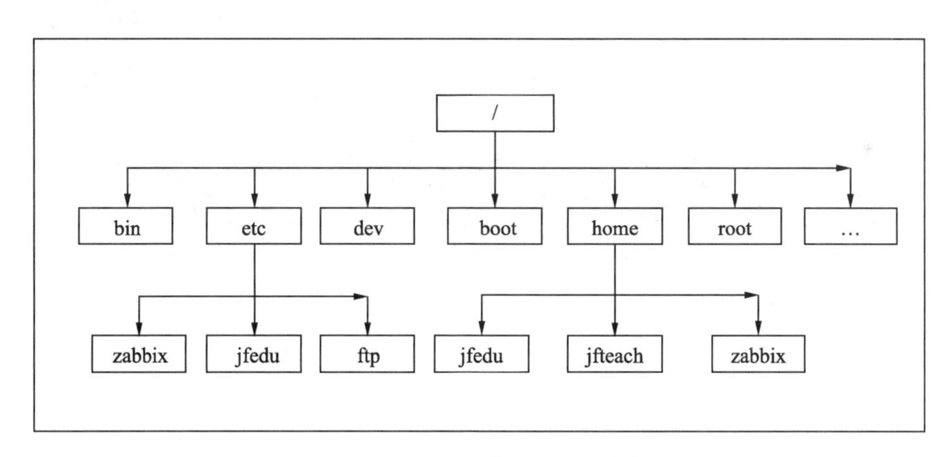

图 2-35 Linux 文件系统目录结构

Linux 以文件的方式存储，例如/dev/sda 代表整块硬盘，/dev/sda1 表示硬盘第一分区，/dev/sda2 表示硬盘第二分区。为了能将目录和硬盘分区关联，Linux 采用挂载点的方式来关联磁盘分区，/boot 目录、/根目录、/data 目录跟磁盘管理后，称为分区，每个分区功能如下。

（1）/boot 分区用于存放 Linux 内核及系统启动过程所需文件。

（2）swap 分区又称为交换分区，类似 Windows 系统的虚拟内存，供物理内存不足时使用。

物理内存 32GB，虚拟内存 512MB，阿里云交换分区设置为 0。

（3）/boot 分区用于系统安装核心分区及所有文件存放的根系统。

（4）/data 分区为自定义分区，企业服务器中用于作应用数据存放。

如图 2-36 所示，创建/boot 分区并挂载，分区大小为 200MB。

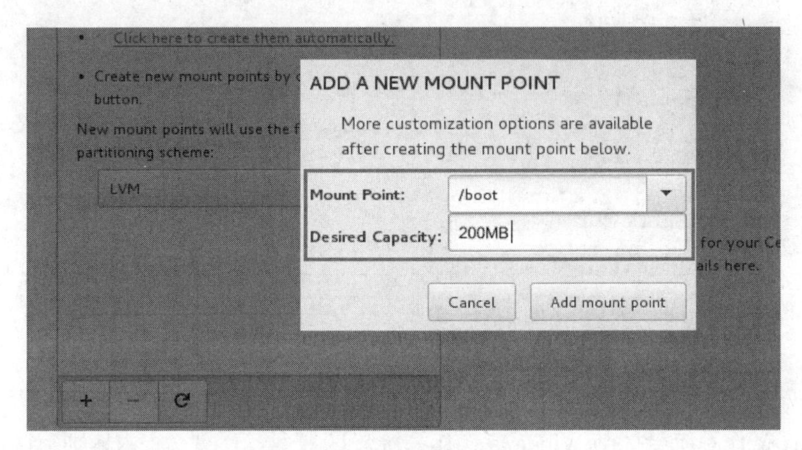

图 2-36 创建/boot 分区

单击 Add mount point 按钮即可完成创建。磁盘分区默认文件系统类型为 XFS。根据以上方法，依次创建 swap 分区，大小为 0MB，创建/分区，大小为剩余所有空间，最终如图 2-37 所示。

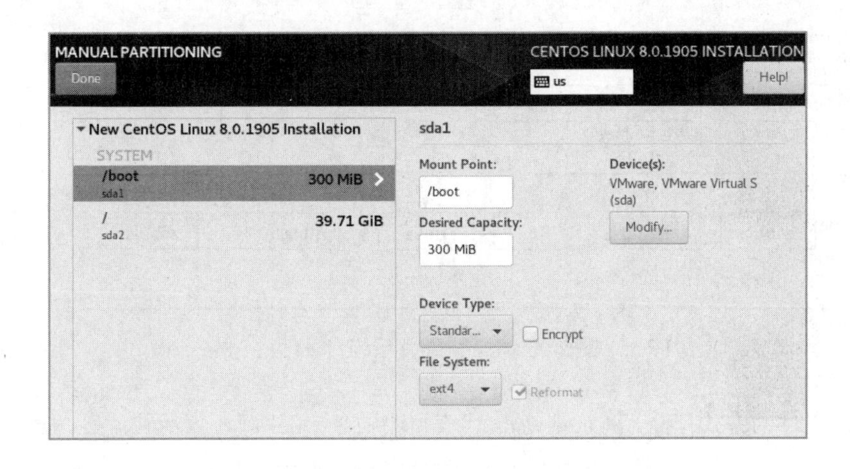

图 2-37 磁盘完整分区

（5）选择 Software Selection，设置为 Minimal Install（最小化安装），如果后期需要开发包、开发库等软件，可以在系统安装完后根据需求安装，如图 2-38 所示。

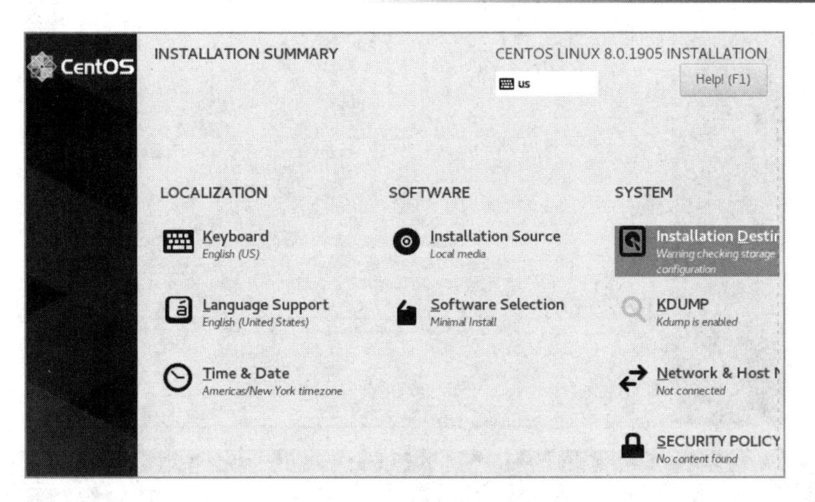

图 2-38　选择安装的软件

（6）操作系统时区选择 Asia-Shanghai，关闭 Network Time。

（7）以上配置完毕，单击 Begin Installation 按钮，在弹出的 CONFIGURATION 对话框中单击 Root Password 设置 Root 用户密码，如图 2-39 所示。如果需要新增普通用户，可以单击 User Creation 创建。

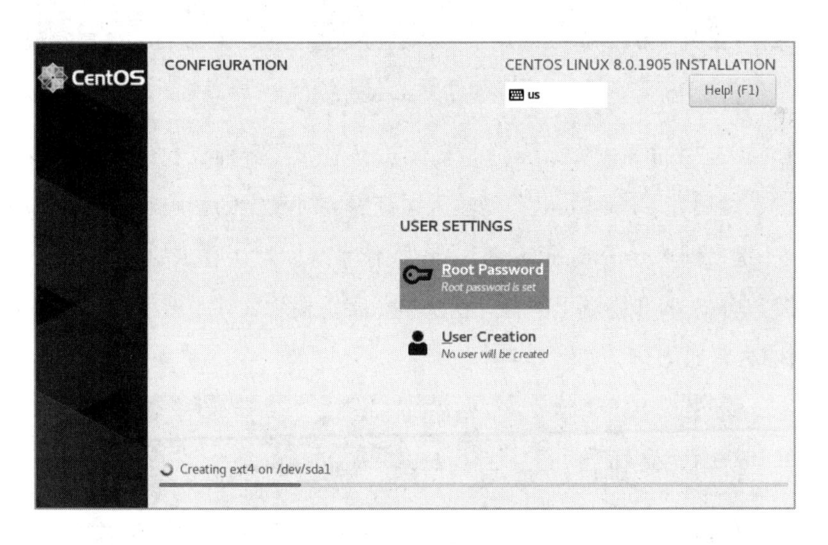

图 2-39　设置 Root 用户密码

（8）安装完毕，单击 Reboot 按钮重启系统，如图 2-40 所示。

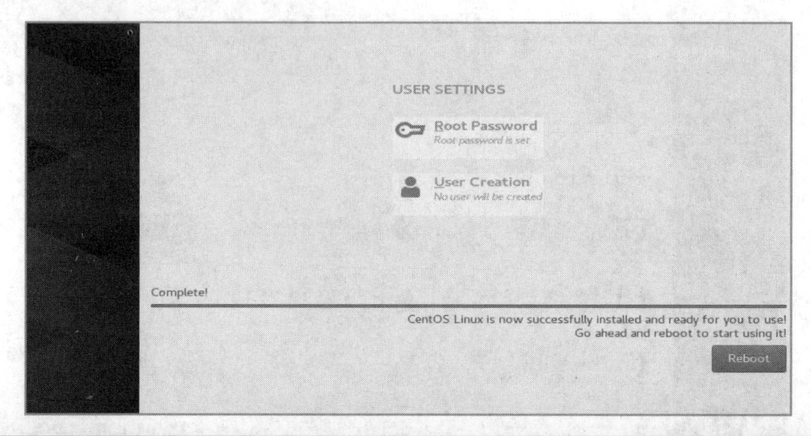


```
CentOS Linux (4.18.0-80.el8.x86_64) 8 (Core)
CentOS Linux (0-rescue-c54d84228574446a9c6bf98a84210c06) 8 (Core)

Use the ↑ and ↓ keys to change the selection.
Press 'e' to edit the selected item, or 'c' for a command prompt.
The selected entry will be started automatically in 2s.
```

图 2-40　系统安装完毕

（9）重启 CentOS 7 Linux 操作系统，进入 Login（登录）界面，在“localhost login:”处输入 root，按 Enter 键，然后在“Password:”处输入系统安装时设定的密码（输入密码时不会提示），输入完毕按 Enter 键，即可登录 CentOS 7 Linux 操作系统。默认登录的终端称为 Shell 终端，所有的后续操作指令均在 Shell 终端上执行，默认显示字符提示，其中#代表当前是 root 用户登录，如果是$表示当前为普通用户，如图 2-41 所示。

```
[root@www-jfedu-net ~]# cat /etc/redhat-release
CentOS Linux release 8.0.1905 (Core)
[root@www-jfedu-net ~]#
[root@www-jfedu-net ~]# uname -a
Linux www-jfedu-net 4.18.0-80.el8.x86_64 #1 SMP Tue Jun 4 09:19:46
[root@www-jfedu-net ~]#
[root@www-jfedu-net ~]#
[root@www-jfedu-net ~]# df -h
Filesystem      Size  Used Avail Use% Mounted on
devtmpfs        385M     0  385M   0% /dev
tmpfs           400M     0  400M   0% /dev/shm
tmpfs           400M  5.7M  394M   2% /run
tmpfs           400M     0  400M   0% /sys/fs/cgroup
/dev/sda2        40G  1.5G   39G   4% /
/dev/sda1       283M  119M  146M  45% /boot
tmpfs            80M     0   80M   0% /run/user/0
```

图 2-41　Login（登录）界面

2.7　Rocky Linux 系统安装图解

如果直接在硬件设备上安装 Rocky Linux 系统，则不需要安装虚拟机等步骤，直接将 U 盘插入 USB 接口或者将光盘插入 DVD 光驱即可打开电源设备。

（1）如图 2-42 所示，通过光标选择第一项 Install Rocky Linux 8，直接按 Enter 键进行系统安装。

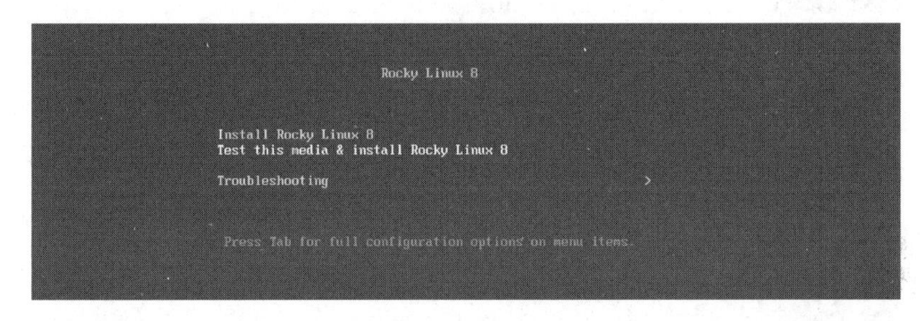

图 2-42　选择安装菜单

（2）继续按 Enter 键启动安装进程，进入光盘检测，按 Esc 键跳过检测，如图 2-43 所示。

```
Jfedu-Rocky-Linux
[   14.238968] dracut-pre-udev[563]: modprobe: FATAL: Module floppy not found in
 directory /lib/modules/4.18.0-240.22.1.el8.x86_64
[   15.639297] dracut-pre-udev[563]: modprobe: ERROR: could not insert 'sha256_m
b': No such device
[  OK  ] Started Show Plymouth Boot Screen.
[  OK  ] Reached target Paths.
[  OK  ] Reached target Local Encrypted Volumes.
[  OK  ] Started Forward Password Requests to Plymouth Directory Watch.
[   18.770659] sd 2:0:0:0: [sda] Assuming drive cache: write through
[  OK  ] Started udev Wait for Complete Device Initialization.
         Starting Device-Mapper Multipath Device Controller...
[  OK  ] Started Device-Mapper Multipath Device Controller.
[  OK  ] Reached target Local File Systems (Pre).
[  OK  ] Reached target Local File Systems.
         Starting Create Volatile Files and Directories...
```

图 2-43　跳过 ISO 镜像检测

（3）来到 Rocky Linux 欢迎界面，选择安装过程中界面显示的语言，初学者可以选择“简体中文”或者默认 English，如图 2-44 所示。

（4）Rocky Linux Installation Summary 安装总览界面如图 2-45 所示。

（5）选中 Automatic 或 Custom 单选按钮，如图 2-46 所示。

（6）单击 Done 按钮，在弹出的下拉列表框中选择 Standard Partition，单击+创建分区。

（7）如图 2-47 所示，创建/boot 分区并挂载，分区大小为 500MB。

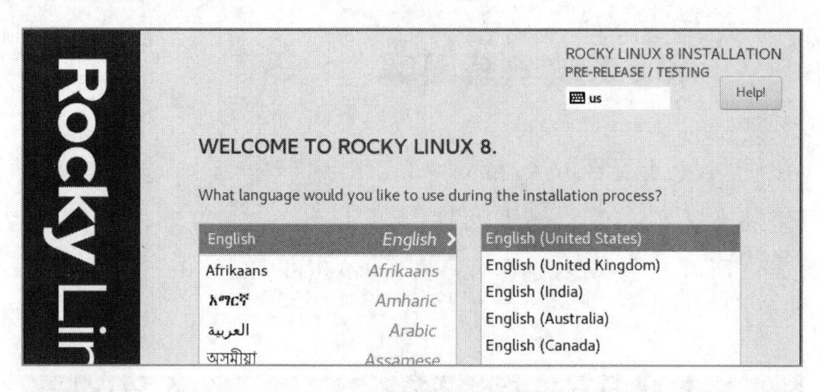

图 2-44　选择安装过程语言

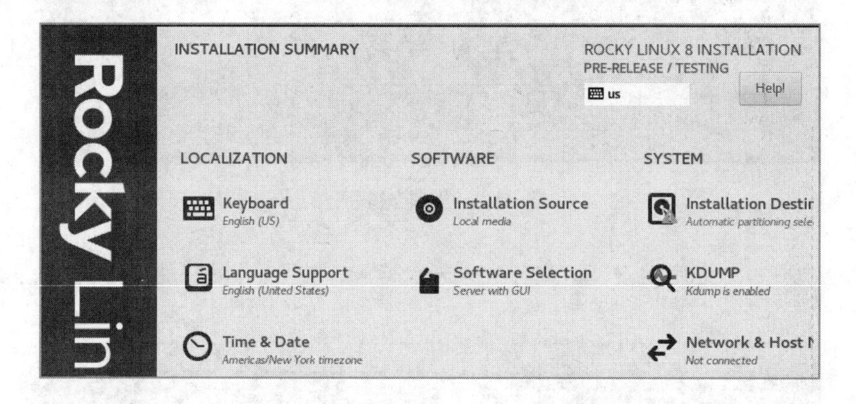

图 2-45　Rocky Linux Installation Summary 安装总览界面

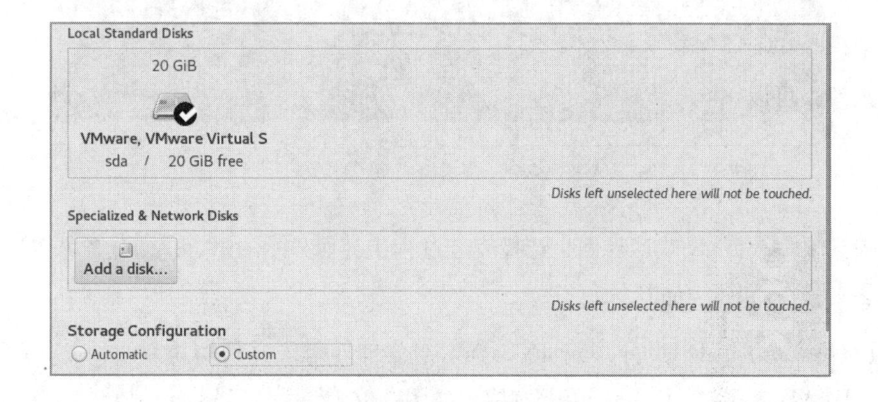

图 2-46　磁盘分区方式选择

单击 Add mount point 按钮即可。磁盘分区默认文件系统类型为 XFS。根据以上方法，依次创建 swap 分区，大小为 500MB，创建/boot 分区，大小为剩余所有空间，最终如图 2-48 所示。

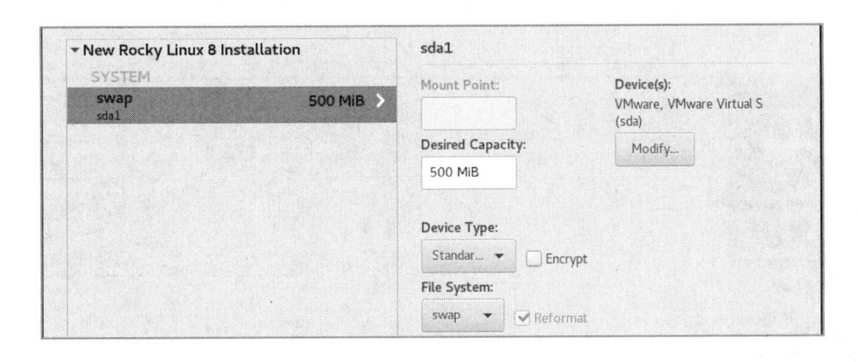

图 2-47　创建/boot 分区

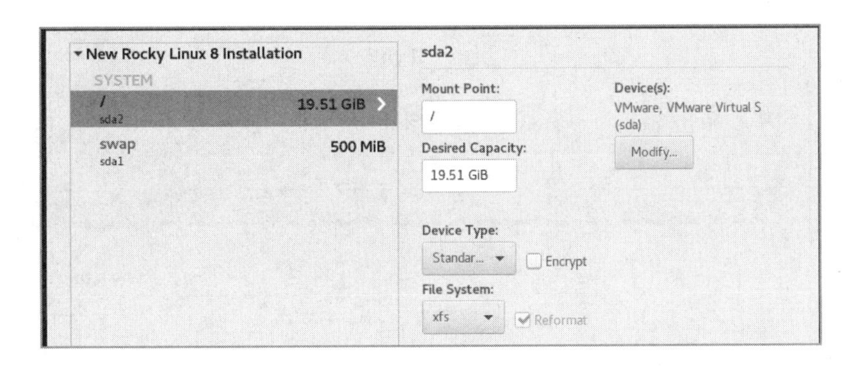

图 2-48　磁盘完整分区

（8）选择 Software Selection，设置为 Minimal Install（最小化安装），如果后期需要开发包、开发库等软件，可以在系统安装完后根据需求安装，如图 2-49 所示。

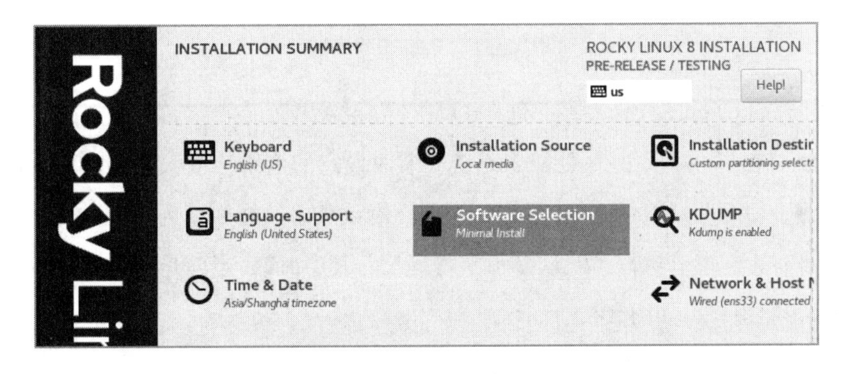

图 2-49　选择安装的软件

（9）操作系统时区选择 Asia-Shanghai，关闭 Network Time。

（10）配置完毕，单击 Begin Installation 按钮开始安装，如图 2-50 所示。

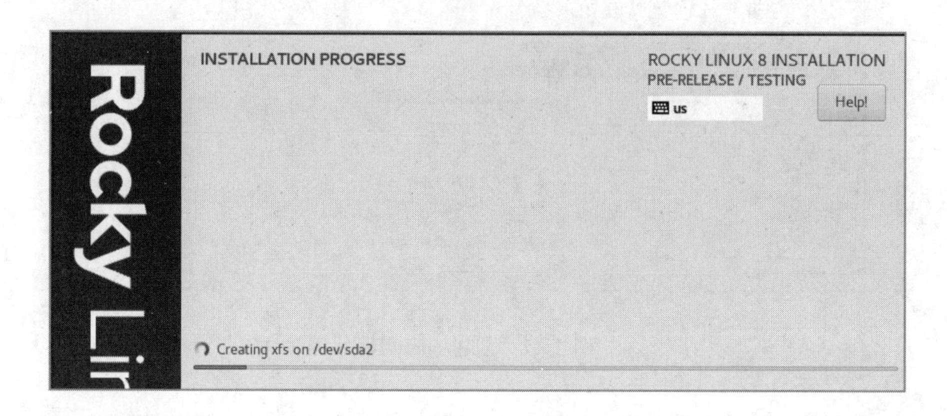

图 2-50　开始安装

（11）安装完毕，单击 Reboot System 按钮重启系统，如图 2-51 所示。

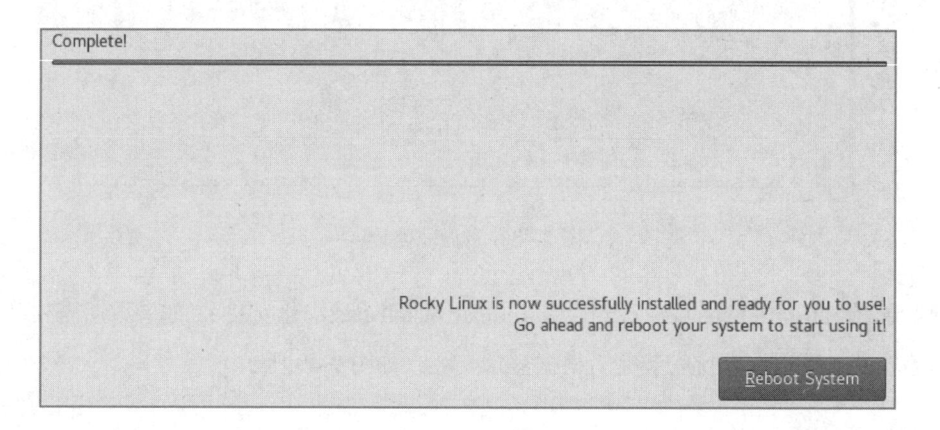

图 2-51　系统安装完毕

（12）重启 Rocky Linux 操作系统，进入 Login（登录）界面，在“localhost login:”处输入 root，按 Enter 键，然后在“Password:”处输入系统安装时设定的密码（输入密码时不会提示），输入完毕按 Enter 键，即可登录 Rocky Linux 操作系统。默认登录的终端称为 Shell 终端，所有的后续操作指令均在 Shell 终端上执行。默认显示字符提示，其中#代表当前是 root 用户登录，如果是$则表示当前为普通用户，如图 2-52 所示。

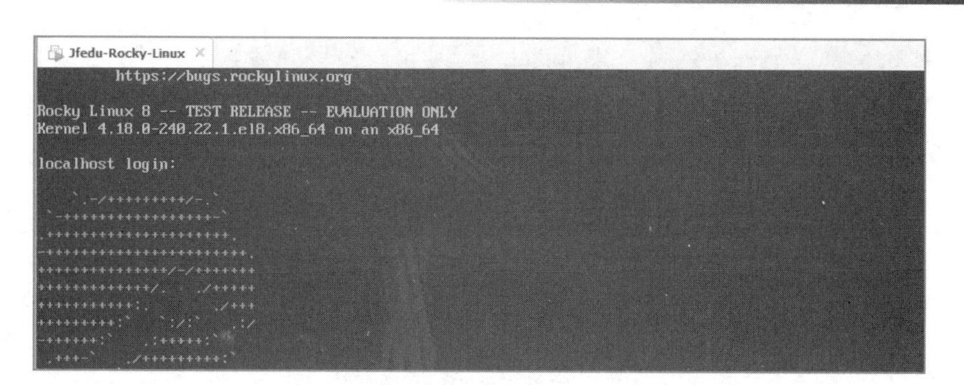

图 2-52 Login（登录）界面

2.8 新手学好 Linux 的捷径

Linux 系统安装是初学者的门槛，系统安装完毕，很多初学者不知道该如何学习，不知道如何快速进阶，下面作者总结了菜鸟学好 Linux 技能的大绝招。

（1）初学者完成 Linux 系统分区及安装之后，需熟练掌握 Linux 系统管理必备命令，包括 cd、ls、pwd、clear、chmod、chown、chattr、useradd、userdel、groupadd、vi、vim、cat、more、less、mv、cp、rm、rmdir、touch、ifconfig、ip addr、ping、route、echo、wc、expr、bc、ln、head、tail、who、hostname、top、df、du、netstat、ss、kill、alias、man、tar、zip、unzip、jar、fdisk、free、uptime、lsof、lsmod、lsattr、dd、date、crontab、ps、find、awk、sed、grep、sort、uniq 等，每个命令至少练习 30 遍，逐步掌握每个命令的用法及应用场景。

（2）初学者进阶之路，需熟练构建 Linux 下常见服务：NTP、VSFTPD、DHCP、SAMBA、DNS、Apache、MySQL、Nginx、Zabbix、Squid、Varnish、LVS、Keepalived、ELK、MQ、Zookeeper、Docker、Openstack、Hbase、Mongodb、Redis、CEPH、Prometheus、Jenkins、SVN、GIT 等，遇到问题先思考，没有头绪可以借助百度、Google 搜索引擎，问题解决后，将解决问题的步骤总结并形成文档。

（3）理解操作系统的每个命令、每个服务的用途，理解为什么要配置这个服务，为什么需要调整该参数，只有带着目标去学习才能更快地成长，才能让你去发掘更多新知识。

（4）熟练搭建 Linux 系统上各种服务之后，需要理解每个服务的完整配置和优化，可以拓展思维。例如，LNMP 所有服务放在一台机器上，能否分开放在多台服务器以平衡压力，如何构建和部署呢？一台物理机构建 Docker 虚拟化，如果是 100 台、1000 台，应如何实施，会遇到哪些问题呢？

（5）Shell 是 Linux 最经典的命令解释器，Shell 脚本可以实现自动化运维，平时多练习 Shell 脚本编程，每个 Shell 脚本多练习几遍，从中借鉴关键的参数、语法，不断练习，不断提高。

（6）建立个人学习博客，把平时工作、学习中的知识都记录到博客，一方面可以供别人参考，另一方面可以提高自己文档编写及总结的能力。

（7）学习 Linux 技术是一个长期的过程，一定要坚持。

（8）通过以上学习，不断进步，如果想达到高级、资深大牛级别，还需要进一步深入学习 Web 集群架构、网站负载均衡、网站架构优化、自动化运维、运维开发、虚拟化、云计算、分布式集群等知识。

（9）最后，多练习才是硬道理，实践出真知。

2.9 本章小结

通过对本章内容的学习，对 Linux 系统应有初步的理解，了解 Linux 行业的发展前景，学会如何在企业中或者虚拟机中安装 Linux 系统。

对 32 位、64 位 CPU 处理器及 Linux 内核版本命名规则也有进一步的认识，同时掌握学习 Linux 的大绝招。

2.10 同步作业

1．企业中服务器品牌 DELL R730，其硬盘总量为 300GB，现需安装 CentOS 7 Linux 操作系统，请问如何进行分区？

2．GNU 与 GPL 的区别是什么？

3．企业有一台 Linux 服务器，查看该 Linux 内核显示：3.10.0-327.36.3.el7.x86_64，请分别说出点号分隔的每个数字及字母的含义。

4．CentOS Linux 至今发布了多少个系统版本？

5．如果 Linux 系统采用光盘安装，如何将 ISO 镜像文件刻录成光盘？请写出具体实现流程。

第 3 章 CentOS 系统管理

Linux 系统安装完毕，需要对系统进行管理和维护，让 Linux 服务器能真正应用于企业中。

本章将介绍 Linux 系统引导原理、启动流程、系统目录、权限、命令及 CentOS 7 和 CentOS 6 在系统管理、命令方面的区别。

3.1 操作系统启动概念

不管是 Windows 还是 Linux 操作系统，底层设备一般均为物理硬件，操作系统启动之前会对硬件进行检测，然后硬盘引导启动操作系统。以下为操作系统启动相关的概念。

3.1.1 BIOS

基本输入输出系统（Basic Input Output System，BIOS）是一组固化到计算机主板上的只读内存镜像（Read Only Memory image，ROM）芯片上的程序，它保存着计算机最重要的基本输入输出的程序、系统设置信息、开机后自检程序和系统自启动程序，主要功能是为计算机提供最底层的、最直接的硬件设置和控制。

3.1.2 MBR

全新硬盘在使用之前必须进行分区格式化，硬盘分区初始化的格式主要有两种，分别为主引导记录（Master Boot Record，MBR）格式和全局唯一标识分区表（GUID Partition Table，GPT）格式。

如果使用 MBR 格式，操作系统将创建主引导记录扇区，MBR 位于整块硬盘的 0 磁道 0 柱面 1 扇区，主要功能是操作系统对磁盘进行读写时，判断分区的合法性以及分区引导信息的定位。

主引导记录扇区共有 512 字节，MBR 只占用了其中的 446 字节，另外的 64 字节为硬盘分区表（Disk Partition Table，DPT），最后两字节“55，AA”是分区的结束标志。

在 MBR 硬盘中，硬盘分区信息直接存储于主引导记录分区表中，同时 MBR 分区表还存储着系统的引导程序，如表 3-1 所示。

表 3-1　MBR分区表内容

<table>
<tr><td>0000～0088</td><td>主引导记录</td><td>主引导程序</td></tr>
<tr><td>0089～01BD</td><td>出错信息数据区</td><td>数据区</td></tr>
<tr><td>01BE～01CD</td><td>分区项1（16字节）</td><td rowspan="4">分区表</td></tr>
<tr><td>01CE～01DD</td><td>分区项2（16字节）</td></tr>
<tr><td>01DE～01ED</td><td>分区项3（16字节）</td></tr>
<tr><td>01EE～01FD</td><td>分区项4（16字节）</td></tr>
<tr><td>01FE</td><td>55</td><td rowspan="2">结束标志</td></tr>
<tr><td>01FF</td><td>AA</td></tr>
</table>

MBR 是计算机启动时最先执行的硬盘上的程序，只有 512byte，所以不能载入操作系统的核心，只能先载入一个可以载入计算机核心的程序，称为引导程序。

因为 MBR 分区标准决定了 MBR 只支持 2TB 以下的硬盘，硬盘上的多余空间只能浪费。为了支持使用大于 2TB 的硬盘空间，微软和英特尔公司在可扩展固件接口（Extensible Firmware Interface，EFI）方案中开发了全局唯一标识符（Globally Unique Identifier，GUID），进而全面支持大于 2TB 的硬盘空间。

3.1.3 GPT

GPT（GUID partition table，全局唯一标识分区表）正逐渐取代 MBR 成为新标准。它和统一的可扩展固件接口（Unified Extensible Firmware Interface，UEFI）相辅相成。UEFI 用于取代老旧的 BIOS，而 GPT 则取代老旧的 MBR。

在 GPT 硬盘中，分区表的位置信息存储在 GPT 头中。出于兼容性考虑，第一个扇区同样有一个与 MBR 类似的标记，叫作受保护的主引导记录（Protected Master Boot Record，PMBR）。

PMBR 的作用是当使用不支持 GPT 的分区工具时，整个硬盘将显示为一个受保护的分区，以防止分区表及硬盘数据遭到破坏，而其中存储的内容和 MBR 一样，之后才是 GPT 头。

GPT 的优点是支持 2TB 以上磁盘。如果使用 Fdisk 分区，最大只能建立 2TB 大小的分区，创建大于 2TB 的分区需使用 parted，同时必须使用 64 位操作系统。Mac、Linux 系统都支持 GPT 分区格式，Windows 7/8 64 位、Windows Server 2008 64 位也支持 GPT。如图 3-1 所示为 GPT 硬盘分区表内容。

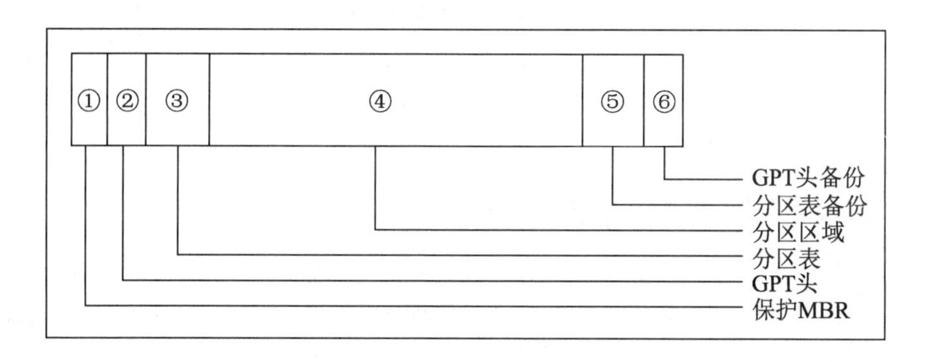

图 3-1　GPT 硬盘分区表内容

3.1.4　GRUB

GNU 项目的多操作系统启动程序（GRand Unified Bootloader，GRUB）可以支持多操作系统的引导，它允许用户在计算机内同时拥有多个操作系统，并在计算机启动时选择希望运行的操作系统。

GRUB 可用于选择操作系统分区上的不同内核，也可用于向这些内核传递启动参数。它是一个多重操作系统启动管理器，用来引导不同系统，如 Windows、Linux。Linux 常见的引导程序包括 LILO、GRUB、GRUB2，CentOS 7 Linux 默认使用 GRUB2 引导程序引导系统启动。GRUB 加载引导流程如图 3-2 所示。

GRUB2 是基于 GRUB 开发而成的更加安全强大的多系统引导程序，最新 Linux 发行版均使用 GRUB2 作为引导程序。同时 GRUB2 采用了模块化设计，使得 GRUB2 核心更加精炼，使用更加灵活，同时不需要像 GRUB 分为 stage1、stage1.5、stage2 三个阶段。

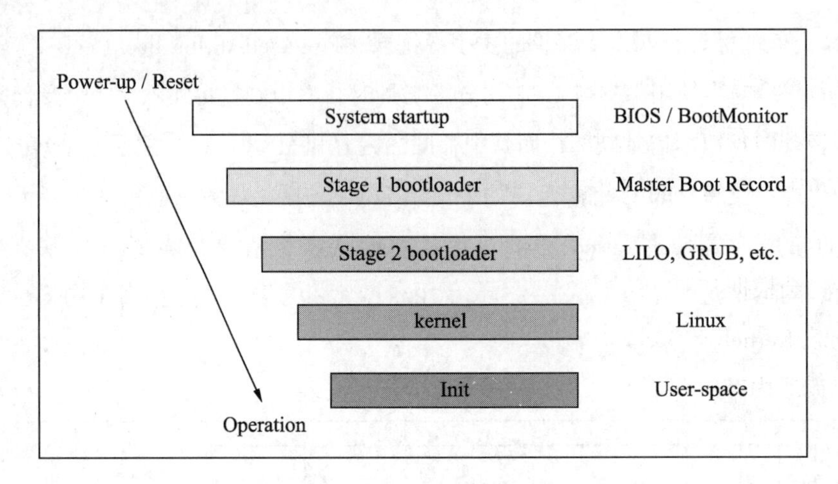

图 3-2　GRUB 加载引导流程

3.2　Linux 操作系统启动流程

初学者对 Linux 操作系统启动流程的理解，有助于后期在企业中更好地维护 Linux 服务器，快速定位系统问题，进而解决问题。Linux 操作系统启动流程如图 3-3 所示。

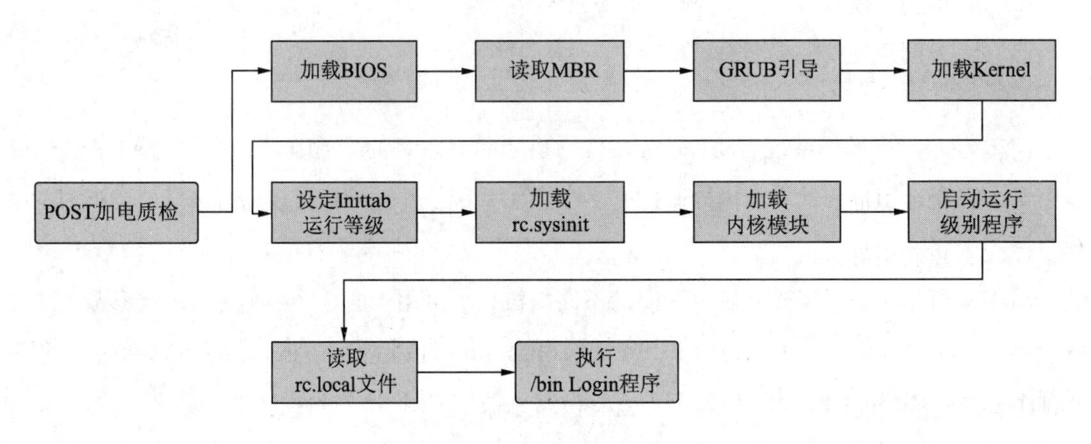

图 3-3　Linux 操作系统启动流程

（1）加载 BIOS。

计算机电源加电质检，首先加载 BIOS。BIOS 中包含硬件 CPU、内存、硬盘等相关信息，包含设备启动顺序信息、硬盘信息、内存信息、时钟信息、即插即用（Plug-and-Play，PNP）特性等。加载完 BIOS 信息，计算机将根据顺序进行启动。

（2）读取 MBR。

读取完 BIOS 信息，计算机将查找 BIOS 所指定的硬盘 MBR 引导扇区，将其内容复制到 0x7c00 地址所在的物理内存中。被复制到物理内存的内容是 Boot Loader，然后进行引导。

（3）GRUB 引导。

GRUB 启动引导器是计算机启动过程中运行的第一个软件程序，计算机读取内存中的 GRUB 配置信息后，会根据其配置信息来启动硬盘中不同的操作系统。

（4）加载 Kernel。

计算机读取内存映像，并进行解压缩操作，屏幕一般会输出 Uncompressing Linux 的提示，当解压缩内核完成后，屏幕输出 OK, booting the kernel。系统将解压后的内核放置在内存之中，调用 start_kernel( )函数来启动一系列的初始化函数并初始化各种设备，完成 Linux 核心环境的建立。

（5）设定 Inittab 运行等级。

内核加载完毕，会启动 Linux 操作系统第一个守护进程 init，然后通过该进程读取/etc/inittab 文件，/etc/inittab 文件的作用是设定 Linux 的运行等级，Linux 常见运行级别如下。

① 0：关机模式。

② 1：单用户模式。

③ 2：无网络支持的多用户模式。

④ 3：字符界面多用户模式。

⑤ 4：保留，未使用模式。

⑥ 5：图像界面多用户模式。

⑦ 6：重新引导系统，重启模式。

（6）加载 rc.sysinit。

读取完运行级别，Linux 系统执行第一个用户层文件/etc/rc.d/rc.sysinit，该文件功能包括设定 PATH 运行变量、设定网络配置、启动 swap 分区、设定/proc、系统函数、配置 Selinux 等。

（7）加载内核模块。

读取/etc/modules.conf 文件及/etc/modules.d 目录下的文件来加载系统内核模块。该模块文件可以后期添加、修改及删除。

（8）启动运行级别程序。

根据之前读取的运行级别，操作系统会运行 rc0.d～rc6.d 中相应的脚本程序来完成相应的初始化工作和启动相应的服务。其中，以 S 开头表示系统即将启动的程序，以 K 开头则代表停止该服务。S 和 K 后紧跟的数字为启动顺序编号，如图 3-4 所示。

```
[root@www-jfedu-net etc]# ls rc
rc          rc1.d/      rc3.d/      rc5.d/      rc.d/       rc.sysinit
rc0.d/      rc2.d/      rc4.d/      rc6.d/      rc.local
[root@www-jfedu-net etc]# ls rc5.d/
K01smartd               K16php-fpm              K75ntpdate              K99lvm2-mon
K05atd                  K35dovecot              K75quota_nld            K99rngd
K05trqauthd             K36mysqld               K80redis                S01sysstat
K10flow-capture         K50kdump                K85mdmonitor            S10network
K10psacct               K50netconsole           K85messagebus           S11portrese
K10saslauthd            K50snmpd                K87irqbalance           S12rsyslog
K10zabbix_server        K50snmptrapd            K87restorecond          S25cups
K15collectd             K60munge                K88auditd               S26udev-pos
K15htcacheclean         K61nfs-rdma             K89rdisc                S30nscd
K15httpd                K74acpid                K92ip6tables            S50aegis
K15svnserve             K74haldaemon            K92iptables             S50cloud-in
K16abrt-ccpp            K75blk-availability     K95rdma                 S51cloud-in
K16abrtd                K75netfs                K99cpuspeed             S52cloud-in
[root@www-jfedu-net etc]# ls rc5.d/
```

图 3-4 运行级别服务

（9）读取 rc.local 文件。

操作系统启动完相应服务之后，会读取执行/etc/rc.d/rc.local 文件，可以将需要开机启动的任务加到该文件末尾，系统会逐行执行并启动相应命令，如图 3-5 所示。

```
[root@www-jfedu-net ~]# cat /etc/rc.d/rc.local
#!/bin/sh
#
# This script will be executed *after* all the other init scripts.
# You can put your own initialization stuff in here if you don't
# want to do the full Sys V style init stuff.
touch /var/lock/subsys/local
modprobe nf_conntrack
svnserve -d -r /data/svn/ --listen-port=8801
################
/sbin/swapon /data/swapfile
/etc/init.d/httpd restart
/etc/init.d/mysqld restart
/usr/local/nginx/sbin/nginx
[root@www-jfedu-net ~]#
```

图 3-5 开机运行加载文件

（10）执行/bin/login 程序。

执行/bin/login 程序，启动到系统登录界面，输入用户名和密码即可登录 Shell 终端，如图 3-6 所示。输入用户名、密码即可登录 Linux 操作系统，至此 Linux 操作系统完整流程启动完毕。

图 3-6　系统登录界面

3.3　CentOS 6 与 CentOS 7 的区别

CentOS 6 默认采用 Sysvinit 风格，Sysvinit 就是 system V 风格的 init 系统，Sysvinit 用术语 runlevel 定义“预订的运行模式”。Sysvinit 检查“/etc/inittab”文件中是否含有“initdefault”项，该选项指定 init 的默认运行模式。Sysvinit 使用脚本、文件命名规则和软链接来实现不同的 Runlevel，串行启动各个进程及服务。

CentOS 7 默认采用 Systemd 风格，Systemd 是 Linux 系统中最新的初始化系统（init），它主要的设计目标是克服 Sysvinit 固有的缺点，提高系统的启动速度。

Systemd 和 Ubuntu 的 Upstart 是竞争对手，预计会取代 UpStart。Systemd 的目标是尽可能启动更少的进程，尽可能将更多进程并行启动。表 3-2 所示为 CentOS 6 与 CentOS 7 操作系统的区别。

表 3-2　CentOS 6 与CentOS 7 操作系统的区别

编　号	系统功能	CentOS 6	CentOS 7
1	init系统	Sysvinit	Systemd
2	桌面系统	GNOME 2.x	GNOME 3.x/ GNOME Shell
3	文件系统	EXT4	XFS
4	内核版本	2.6.x	3.10.x
5	启动加载器	GRUB Legacy(+efibootmgr)	GRUB2
6	防火墙	iptables	firewalld
7	数据库	MySQL	MariaDB
8	文件目录	/bin,/sbin,/lib, and /lib64在/根下	/bin,/sbin,/lib, and /lib64在/usr下

续表

编　　号	系统功能	CentOS 6	CentOS 7
9	主机名	/etc/sysconfig/network	/etc/hostname
10	时间同步	ntp, ntpq –p	chrony, chronyc sources

11	修改时间	#vi /etc/sysconfig/clock
		ZONE="Asia/Tokyo"
		UTC=false
		#ln –s
		/usr/share/zoneinfo/Asia/Tokyo
		/etc/localtime
			#timedatectl set–timezone Asia/Tokyo
			#timedatectl status

12	区域及字符设置	/etc/sysconfig/i18n	/etc/locale.conf localect1 set–locale LANG=zh_CN.utf8 localect1 status
13	启动停止服务	#service service_name start # service service_name stop # service sshd restart/status/reload	#systemctl start service_name # systemctl stop service_name # systemctl restart/status/reload sshd
14	自动启动	chkconfig service_name on/off	#systemctl enable service_name #systemctl disable service_name
15	服务列表	chkconfig --list	#systemctl list–unit–files #systemctl --type service
16	kill服务	kill –9 <PID>	systemctl kill --signal=9 sshd
17	网络及端口信息	netstat	ss
18	IP信息	ifconfig	ip address show
19	路由信息	route –n	ip route show
20	关闭停止系统	shutdowm –h now	systemctl poweroff
21	单用户模式	init S	systemctl rescue
22	运行模式	vim /etc/inittab id:3:initdefault:	systemctl set–default graphical.target systemctl set–default multi–user.target

Linux 操作系统文件系统类型主要有 EXT3、EXT4、XFS 等，其中 CentOS 6 普遍采用 EXT3 和 EXT4 文件系统格式，而 CentOS 7 默认采用 XFS 格式。EXT3、EXT4、XFS 区别如下。

（1）第四代扩展文件系统（Fourth EXtended filesystem，EXT4）是 Linux 系统下的日志文件系统，是 EXT3 文件系统的后继版本。

（2）EXT3 类型文件系统支持最大 16TB 的文件系统和最大 2TB 的文件。

（3）EXT4 分别支持 1EB（1EB=1024PB，1PB=1024TB）的文件系统，以及 16TB 的单个文件。

（4）EXT3 只支持 32 000 个子目录，而 EXT4 支持无限数量的子目录。

（5）EXT4 磁盘结构的 inode 个数支持 40 亿，而且 EXT4 的单个文件大小支持到 16TB（4K 块大小）。

（6）XFS 是一个 64 位文件系统，最大支持 8EB 减 1 字节的单个文件系统，实际部署时取决于宿主操作系统的最大块限制，常用于 64 位操作系统，发挥更好的性能。

（7）XFS 是一种高性能的日志文件系统，最早于 1993 年由 Silicon Graphics 为他们的 IRIX 操作系统而开发，是 IRIX 5.3 版的默认文件系统。

（8）XFS 于 2000 年 5 月由 Silicon Graphics 作为 GPL 源代码发布，之后被移植到 Linux 内核上。XFS 特别擅长处理大文件，同时提供平滑的数据传输。

3.4 CentOS 7 与 CentOS 8 的区别

CentOS 8 已于 2021 年 9 月对外发布。CentOS 完全遵守 Red Hat 的再发行政策，且致力于上游产品在功能上完全兼容。CentOS 对组件的修改主要是去除 Red Hat 的商标及美工图。

该版本还包含全新的 CentOS Streams。CentOS Stream 是一个滚动发布的 Linux 发行版，它介于 Fedora Linux 的上游开发和 RHEL 的下游开发之间。可以把 CentOS Streams 当成体验最新红帽系 Linux 特性的一个版本，而无须等太久。

CentOS 8 主要改动和 RedHat Enterprise Linux 8 一致，基于 Fedora 28 和内核版本 4.18，为用户提供一个稳定的、安全的、一致的基础，跨越混合云部署，支持传统和新兴的工作负载所需的工具。表 3-3 为 CentOS 7 和 CentOS 8 的对比。

表 3-3 CentOS 7 和CentOS 8 的对比

编号	项目	CentOS 7	CentOS 8
1	Kernel	3.10+	4.18+
2	文件系统	XFS	XFS
3	网络管理	NetworkManager	nmcli
4	NTP管理	Chronyd	Chronyd
5	网卡名称	ens33	ens33
6	字符集	/etc/locale.conf	/etc/locale.conf
7	服务管理	systemctl	systemctl
8	运行级别	target	target

续表

编　号	项　目	CentOS 7	CentOS 8
9	Apache	2.4	2.4
10	PHP	5.4	7.2
11	MySQL	MariaDB 5.5	MYSQL 8.0
12	MariaDB	MariaDB 5.5	MariaDB 10.2
13	Python	2.7.5	3.6.8
14	Ruby	2.0.0	2.5.5
15	Perl	5.16.3	5.26.3
16	OpenSSL	1.0.1	1.1.1
17	TLS	1	1.0和1.3
18	防火墙	Firewalld	Firewalld
19	软件管理	YUM	DNF
20	JDK	JDK8	JDK11

在 CentOS 7 上，同时支持 Network.service 和 NetworkManager.service。默认情况下，这 2 个服务都会开启，但许多人会将后者禁用掉。在 CentOS 8 上，已废弃 Network.service，因此只能通过 NetworkManager.service 进行网络配置，包括动态 IP 和静态 IP。换言之，在 CentOS 8 上，必须开启 NetworkManager.service，否则无法使用网络。

CentOS 8 依然支持 Network.service，只是默认不安装，后期可以通过 DNF 或 YUM 安装 Network.service 来管理网卡服务。

3.5 NetworkManager 概念剖析

NetworkManager（NM）是 2004 年 Red Hat 启动的项目，旨在让 Linux 用户能够更轻松地处理现代网络需求，尤其是无线网络，能自动发现网卡并配置 IP 地址。类似在手机上同时开启 Wi-Fi 和蜂窝网络，自动探测可用网络并连接，无须手动切换。虽然初衷是针对无线网络，但在服务器领域，NM 已大获成功。

NM 能管理以下各种网络。

（1）有线网卡、无线网卡。

（2）动态 IP、静态 IP。

（3）以太网、非以太网。

（4）物理网卡、虚拟网卡。

NM 使用以下命令。

（1）nmcli：命令行。这是最常用的工具，下文将详细讲解该工具的使用。

（2）nmtui：在 Shell 终端开启文本图形界面。

（3）Freedesktop applet：如 GNOME 上自带的网络管理工具。

（4）cockpit：redhat 自带的基于 Web 图形界面的“驾驶舱”工具，具有 dashborad 和基础管理功能。

使用 NM 的理由如下。

（1）工具齐全：NM 工具有命令行、文本界面、图形界面、Web，非常齐全。

（2）广纳天地：纳管各种网络，包括有线网络、无线网络、物理网络、虚拟网络等。

（3）参数丰富：有多达 200 多项配置参数（包括 ethtool 参数）。

（4）“一统江湖”：支持 RedHat 系统、Suse 系统、Debian/Ubuntu 系统。

（5）大势所趋：下一个大版本的 rhel 只能通过 NM 管理网络。

nmcli 命令使用方法非常类似 linux ip 命令和 cisco 交换机命令，并且支持 tab 补全（详见本文最后的 Tips），也可在命令最后通过-h、--help、help 查看帮助。在 nmcli 中有 2 个命令最为常用。

（1）nmcli connection：译作连接，可理解为配置文件，相当于 ifcfg-ethX。可以简写为 nmcli c。

（2）nmcli device：译作设备，可理解为实际存在的网卡（包括物理网卡和虚拟网卡）。可以简写为 nmcli d。

在 NM 中，有 2 个维度：连接（connection）和设备（device），这是多对一的关系。要为某个网卡配 IP，首先 NM 要能纳管这个网卡。设备中存在的网卡（nmcli d 可以看到），就是 NM 纳管的。接着，可以为一个设备配置多个连接（nmcli c 可以看到），每个连接可以理解为一个 ifcfg 配置文件。同一时刻，一个设备只能有一个连接活跃。可以通过 nmcli c up 切换连接。

NM connection 有 2 种状态。

（1）活跃（带颜色字体）：表示当前该 connection 生效。

（2）非活跃（正常字体）：表示当前该 connection 不生效。

Device 有 4 种常见状态。

（1）connected：已被 NM 纳管，且当前有活跃的 connection。

（2）disconnected：已被 NM 纳管，但是当前没有活跃的 connection。

（3）unmanaged：未被 NM 纳管。

（4）unavailable：不可用，NM 无法纳管，通常出现于网卡 link 为 down 的时候（如 ip link set ethX down）。

3.6 NMCLI 常见命令实战

相关命令如下：

```
#查看 IP(类似于 ifconfig、ip addr)
nmcli
#创建 connection,配置静态 IP(等同于配置 ifcfg,其中 BOOTPROTO=none)
nmcli c add type ethernet con-name ethX ifname ethX ipv4.addr 192.168.1.100/24
ipv4.gateway 192.168.1.1 ipv4.method manual
#创建 connection,配置动态 IP(等同于配置 ifcfg,其中 BOOTPROTO=dhcp)
nmcli c add type ethernet con-name ethX ifname ethX ipv4.method auto
#修改 IP(非交互式)
nmcli c modify ethX ipv4.addr '192.168.1.100/24'
nmcli c up ethX
#修改 IP(交互式)
nmcli c edit ethX
nmcli> goto ipv4.addresses
nmcli ipv4.addresses> change
Edit 'addresses' value: 192.168.1.100/24
Do you also want to set 'ipv4.method' to 'manual'? [yes]: yes
nmcli ipv4> save
nmcli ipv4> activate
nmcli ipv4> quit
#启用 connection(相当于 ifup)
nmcli c up ethX
#停止 connection(相当于 ifdown)
nmcli c down
#删除 connection(类似于 ifdown 并删除 ifcfg)
nmcli c delete ethX
#查看 connection 列表
nmcli c show
#查看 connection 详细信息
nmcli c show ethX
#重载所有 ifcfg 或 route 到 connection(不会立即生效)
nmcli c reload
#重载指定 ifcfg 或 route 到 connection(不会立即生效)
```

```
nmcli c load /etc/sysconfig/network-scripts/ifcfg-ethX
nmcli c load /etc/sysconfig/network-scripts/route-ethX
#立即生效 connection,有 3 种方法
nmcli c up ethX
nmcli d reapply ethX
nmcli d connect ethX
#查看 device 列表
nmcli d
#查看所有 device 详细信息
nmcli d show
#查看指定 device 的详细信息
nmcli d show ethX
#激活网卡
nmcli d connect ethX
#关闭无线网络(NM 默认启用无线网络)
nmcli r all off
#查看 NM 纳管状态
nmcli n
#开启 NM 纳管
nmcli n on
#关闭 NM 纳管(谨慎执行)
nmcli n off
#监听事件
nmcli m
#查看 NM 本身状态
nmcli
#检测 NM 是否在线可用
nm-online
```

3.7 TCP/IP 概述

要学好 Linux，对网络协议也要有充分的了解和掌握，如传输控制协议/因特网互联协议（Transmission Control Protocol/Internet Protocol，TCP/IP）。TCP/IP 名为网络通信协议，是 Internet 最基本的协议，也是 Internet 国际互联网络的基础，由网络层的 IP 和传输层的 TCP 组成。

TCP/IP 定义了电子设备如何接入互联网，以及数据在设备之间传输的标准。协议采用了 4 层的层级结构，每层都呼叫其下一层所提供的协议来完成自己的需求。

TCP 负责发现传输的问题，出现问题就发出信号，要求重新传输，直到所有数据安全、正确地传输到目的地，而 IP 是为互联网的每台联网设备规定的一个地址。

基于 TCP/IP 的参考模型将协议分成 4 个层次，分别是网络接口层、网际互连层（IP 层）、传输层（TCP 层）和应用层。图 3-7 所示为 OSI 模型与 TCP/IP 模型对比。

OSI 7 层模型与 TCP/IP 模型协议功能实现对比如图 3-8 所示。

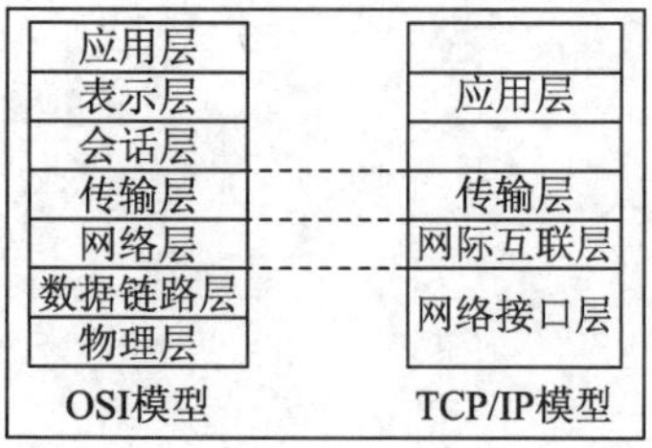

OSI模型	TCP/IP模型
应用层	应用层
表示层	
会话层	
传输层	传输层
网络层	网际互联层
数据链路层	网络接口层
物理层	

图 3-7　OSI 模型与 TCP/IP 模型对比

OSI 7层	每层功能	TCP/IP模型协议
应用层	文件传输，电子邮件，文件服务，虚拟终端	TFTP、HTTP、SNMP、FTP、SMTP、DNS、Telnet
表示层	数据格式化，代码转换，数据加密	没有协议
会话层	解除或建立与别的接点的联系	没有协议
传输层	提供端对端的接口	TCP、UDP
网络层	为数据包选择路由	IP、ICMP、OSPF、BGP、IGMP、ARP、RARP
数据链路层	传输有地址的帧以及错误检测功能	SLIP、PPP、MTU
物理层	以二进制数据形式在物理媒体上传输数据	ISO 2110、IEEE 802、IEEE 802.2

图 3-8　OSI 7 层模型与 TCP/IP 模型协议功能实现对比

3.8　IP 地址及网络常识

IP 地址是 IP 提供的一种统一的地址格式，它为互联网上的每个网络和每台主机分配一个逻辑地址，以此来屏蔽物理地址的差异。IP 地址被用来为 Internet 上的每个通信设备编号，每台联网的 PC 上都需要有 IP 地址，这样才能正常通信。

IP 地址是一个 32 位的二进制数，通常被分割为 4 个“8 位二进制数”（4 字节）。IP 地址通常用“点分十进制”表示成（a.b.c.d）的形式，其中 a、b、c、d 都是 0～255 的十进制整数。

常见的 IP 地址分为 IPv4 与 IPv6 两大类。IP 地址编址方案将 IP 地址空间划分为 A、B、C、D、E 5 类，其中 A、B、C 是基本类，D、E 类作为多播和保留使用。

IPv4 有 4 段数字，每段最大不超过 255。由于互联网的蓬勃发展，IP 地址的需求量越来越大，使得 IP 地址的发放愈趋严格，各项资料显示，全球 IPv4 地址在 2011 年已经全部分发完毕。

地址空间的不足必将妨碍互联网的进一步发展。为了扩大地址空间，拟通过 IPv6 重新定义地址空间。IPv6 采用 128 位地址长度。IPv6 的设计一劳永逸地解决了地址短缺问题。IPv6 可以给全球每粒沙子配置一个 IP 地址，还考虑了在 IPv4 中解决不了的其他问题，如图 3-9 所示。

```
docker0   Link encap:Ethernet  HWaddr FA:C4:FD:2D:6A:39
          inet addr:10.0.42.1  Bcast:0.0.0.0  Mask:255.255.0.0
          inet6 addr: fe80::f8c4:fdff:fe2d:6a39/64 Scope:Link
          UP BROADCAST RUNNING MULTICAST  MTU:1500  Metric:1
          RX packets:0 errors:0 dropped:0 overruns:0 frame:0
          TX packets:465 errors:0 dropped:0 overruns:0 carrier:0
          collisions:0 txqueuelen:0
          RX bytes:0 (0.0 b)  TX bytes:19746 (19.2 KiB)
```

图 3-9　IPv4 与 IPv6 地址

3.8.1　IP 地址分类

IPv4 地址编址方案有 A、B、C、D、E 5 类，其中 A、B、C 是基本类，D、E 类作为多播和保留使用。

1. A类IP地址

一个 A 类 IP 地址是指在 IP 地址的 4 段号码中，第一段号码为网络号码，剩下的 3 段号码为本地计算机的号码。如果用二进制表示 IP 地址，A 类 IP 地址就由 1 字节的网络地址和 3 字节主机地址组成，网络地址的最高位必须是“0”。A 类 IP 地址中网络的标识长度为 8 位，主机标识的长度为 24 位。A 类网络地址数量较少，有 126 个网络，每个网络可以容纳主机数达 1600 万台。

A 类 IP 地址范围为 1.0.0.0～127.255.255.255（二进制表示为 00000001 00000000 00000000 00000000～01111110 11111111 11111111 11111111），最后一个为广播地址。A 类 IP 地址的子网掩码为 255.0.0.0，每个网络支持的最大主机数为 $256^3-2=16777214$ 台。

2. B类IP地址

一个 B 类 IP 地址是指在 IP 地址的 4 段号码中，前两段号码为网络号码。如果用二进制表示 IP 地址，B 类 IP 地址就由 2 字节的网络地址和 2 字节主机地址组成，网络地址的最高位必须是“10”。

B 类 IP 地址中网络的标识长度为 16 位，主机标识的长度为 16 位，B 类网络地址适用于中等规模的网络，有 16384 个网络，每个网络所能容纳的计算机数为 6 万多。

B 类 IP 地址范围为 128.0.0.0～191.255.255.255（二进制表示为 10000000 00000000 00000000 00000000…10111111 11111111 11111111 11111111）。最后一个是广播地址，B 类 IP 地址的子网掩码为 255.255.0.0，每个网络支持的最大主机数为 $256^2-2=65534$ 台。

3. C类IP地址

一个 C 类 IP 地址是指在 IP 地址的 4 段号码中，前 3 段号码为网络号码，剩下的一段号码为本地计算机的号码。如果用二进制表示 IP 地址，C 类 IP 地址则由 3 字节的网络地址和 1 字节主机地址组成，网络地址的最高位必须是“110”。C 类 IP 地址中网络的标识长度为 24 位，主机标识的长度为 8 位。C 类网络地址数量较多，有 209 万余个网络，适用于小规模的局域网络，每个网络最多只能包含 254 台计算机。

C 类 IP 地址范围为 192.0.0.0～223.255.255.255[3] （二进制表示为 11000000 00000000 00000000 00000000 ～ 11011111 11111111 11111111 11111111）。C 类 IP 地址的子网掩码为 255.255.255.0，每个网络支持的最大主机数为 256−2=254 台。

4. D类IP地址

D 类 IP 地址又称多播地址（Multicast Address），即组播地址。在以太网中，多播地址命名了一组应该在这个网络中应用接收到一个分组的站点。多播地址的最高位必须是“1110”，范围为 224.0.0.0～239.255.255.255。

5. 特殊的地址

每字节都为 0 的地址（“0.0.0.0”）表示当前主机，IP 地址中的每字节都为 1 的 IP 地址（“255.255.255.255”）是当前子网的广播地址，IP 地址中凡是以“11110”开头的 E 类 IP 地址都保留用于将来和实验使用。

IP 地址中不能以十进制“127”作为开头，而以数字 127.0.0.1～127.255.255.255 段的 IP 地址称为回环地址，用于回路测试，如 127.0.0.1 可以代表本机 IP 地址。网络 ID 的第一个 8 位组也不能全置为“0”，全为“0”表示本地网络。

3.8.2 子网掩码

子网掩码（Subnet Mask）又名网络掩码、地址掩码，它用来指明一个 IP 地址的哪些位标识的是主机所在的子网，以及哪些位标识的是主机的位掩码。

子网掩码通常不能单独存在，它必须结合 IP 地址一起使用。子网掩码只有一个作用，就是将某个 IP 地址划分成网络地址和主机地址两部分。

子网掩码是一个 32 位地址，用于屏蔽 IP 地址的一部分以区别网络标识和主机标识，并说明该 IP 地址是在局域网上，还是在远程网上。

对于 A 类地址，默认的子网掩码是 255.0.0.0；对于 B 类地址，默认的子网掩码是 255.255.0.0；对于 C 类地址，默认的子网掩码是 255.255.255.0。

互联网由各种小型网络构成，每个网络上都有许多主机，这样便构成了一个有层次的结构。IP 地址在设计时就考虑到地址分配的层次特点，将每个 IP 地址都分割成网络号和主机号两部分，以便于 IP 地址的寻址操作。

子网掩码的设定必须遵循一定的规则。同二进制 IP 地址，子网掩码由 1 和 0 组成，且 1 和 0 分别连续。子网掩码的长度也是 32 位，左边是网络位，用二进制数字“1”表示，1 的数目等于网络位的长度；右边是主机位，用二进制数字“0”表示，0 的数目等于主机位的长度。

3.8.3 网关地址

网关（Gateway）是一个网络连接到另一个网络的“关口”，实质上是一个网络通向其他网络的 IP 地址。网关主要用于不同网络传输数据。

例如，如果设备接入同一个交换机，在交换机内部传输数据是不需要经过网关的，但是如果两台设备不在一个交换机网络，则需要在本机配置网关，内网服务器的数据通过网关把数据转发到其他网络的网关，直至找到对方的主机网络，然后返回数据。

3.8.4 MAC 地址

介质访问控制（Medium Access Control，MAC）即物理地址、硬件地址，用来定义网络设备的位置。

在 OSI 模型中，第三层网络层负责 IP 地址，第二层数据链路层则负责 MAC 地址。因此，一个主机会有一个 MAC 地址，而每个网络位置会有一个专属于它的 IP 地址。

IP 地址工作在 OSI 参考模型的第三层网络层。二者分工明确，默契合作，完成通信过程。IP 地址专注于网络层，将数据包从一个网络转发到另外一个网络；而 MAC 地址则专注于数据链路层，将一个数据帧从一个节点传送到相同链路的另一个节点。

IP 地址和 MAC 地址一般成对出现。如果一台计算机要和网络中另一外计算机通信，那么这两台设备必须配置 IP 地址和 MAC 地址，而 MAC 地址是网卡出厂时设定的，这样配置的 IP 地址就和 MAC 地址形成了一种对应关系。

在数据通信时，IP 地址负责表示计算机的网络层地址，网络层设备（如路由器）根据 IP 地址进行操作；MAC 地址负责表示计算机的数据链路层地址，数据链路层设备根据 MAC 地址进行操作。IP 和 MAC 地址这种映射关系是通过地址解析协议（Address Resolution Protocol，ARP）来实现的。

3.9 Linux 系统配置 IP

Linux 操作系统安装完毕，接下来如何让 Linux 操作系统上网呢？以下为 Linux 服务器配置 IP 的方法。

Linux 服务器网卡默认配置文件在/etc/sysconfig/network-scripts/下，名称一般为 ifcfg-eth0 或 ifcfg-ens32，例如，DELL R720 标配有 4 个千兆网卡，在系统显示的名称依次为 eth0、eth1、eth2 和 eth3。

修改服务器网卡 IP 地址命令为 vi /etc/sysconfig/network-scripts/ifcfg-eth0 （注：CentOS 7 网卡名为 ifcfg-ens32）。通过 vi 命令打开网卡配置文件，默认为 DHCP 方式，配置如下：

```
DEVICE=eth0
BOOTPROTO=dhcp
HWADDR=00:0c:29:52:c7:4e
ONBOOT=yes
TYPE=Ethernet
```

通过 vi 命令打开网卡配置文件，修改 BOOTPROTO 为 DHCP 方式，同时添加 IPADDR、NETMASK、GATEWAY 信息如下：

```
DEVICE=eth0
BOOTPROTO=static
HWADDR=00:0c:29:52:c7:4e
ONBOOT=yes
TYPE=Ethernet
IPADDR=192.168.1.103
NETMASK=255.255.255.0
GATEWAY=192.168.1.1
```

服务器网卡配置文件的详细参数如下：

```
DEVICE=eth0                    #物理设备名
ONBOOT=yes                     #[yes|no]（重启网卡是否激活网卡设备）
BOOTPROTO=static               #[none|static|bootp|dhcp]（不使用协议|静态分
                               #配|BOOTP 协议|DHCP 协议）
TYPE=Ethernet                  #网卡类型
IPADDR=192.168.1.103           #IP 地址
NETMASK=255.255.255.0          #子网掩码
GATEWAY=192.168.1.1            #网关地址
```

服务器网卡配置完毕，重启网卡服务（/etc/init.d/network restart）即可。然后查看 IP 地址，命令为 ifconfig 或 ip addr show，可查看当前服务器所有网卡的 IP 地址。

在 CentOS 7 Linux 中，如果没有 ifconfig 命令，可以用 ip addr list/show 命令查看，也可以安装 ifconfig 命令，需安装软件包 net-tools，命令如下，如图 3-10 所示。

```
yum install net-tools -y
```

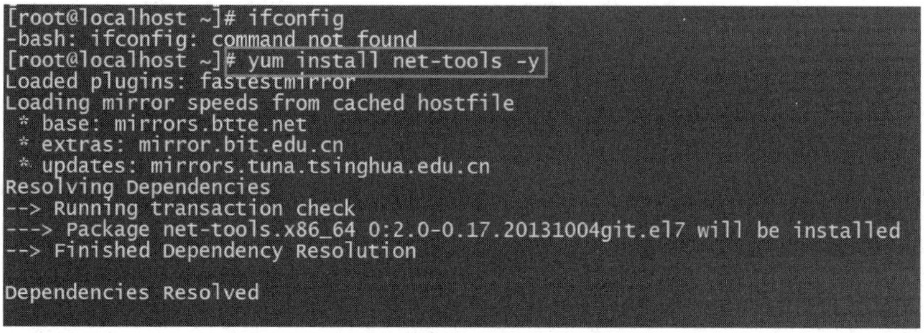

```
[root@localhost ~]# ifconfig
-bash: ifconfig: command not found
[root@localhost ~]# yum install net-tools -y
Loaded plugins: fastestmirror
Loading mirror speeds from cached hostfile
 * base: mirrors.btte.net
 * extras: mirror.bit.edu.cn
 * updates: mirrors.tuna.tsinghua.edu.cn
Resolving Dependencies
--> Running transaction check
---> Package net-tools.x86_64 0:2.0-0.17.20131004git.el7 will be installed
--> Finished Dependency Resolution

Dependencies Resolved
```

图 3-10　安装 net-tools 工具命令

3.10　Linux 系统配置 DNS

IP 地址配置完毕，如果服务器需上外网，还需配置 DNS（Domain Name System，域名解析地址）。DNS 主要用于将请求的域名转换为 IP 地址。DNS 地址配置方法如下。

修改 vi /etc/resolv.conf 文件，在文件中加入以下内容：

```
nameserver 202.106.0.20
nameserver 8.8.8.8
```

以上两行内容分别表示主 DNS 与备 DNS，DNS 配置完毕，无须重启网络服务，DNS 将立即生效。

可以执行命令 ping　-c　6　www.baidu.com 查看返回结果，如果有 IP 返回，则表示服务器

DNS 配置正确，如图 3-11 所示。

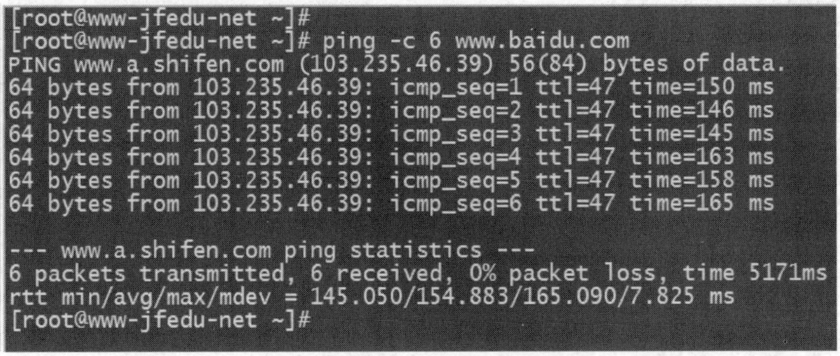

```
[root@www-jfedu-net ~]#
[root@www-jfedu-net ~]# ping -c 6 www.baidu.com
PING www.a.shifen.com (103.235.46.39) 56(84) bytes of data.
64 bytes from 103.235.46.39: icmp_seq=1 ttl=47 time=150 ms
64 bytes from 103.235.46.39: icmp_seq=2 ttl=47 time=146 ms
64 bytes from 103.235.46.39: icmp_seq=3 ttl=47 time=145 ms
64 bytes from 103.235.46.39: icmp_seq=4 ttl=47 time=163 ms
64 bytes from 103.235.46.39: icmp_seq=5 ttl=47 time=158 ms
64 bytes from 103.235.46.39: icmp_seq=6 ttl=47 time=165 ms

--- www.a.shifen.com ping statistics ---
6 packets transmitted, 6 received, 0% packet loss, time 5171ms
rtt min/avg/max/mdev = 145.050/154.883/165.090/7.825 ms
[root@www-jfedu-net ~]#
```

图 3-11 ping 命令返回值

3.11 Linux 网卡名称命名

CentOS 7 服务器默认网卡名为 ifcfg-ens32，如果希望改成 ifcfg-eth0，使用如下步骤即可。

（1）编辑/etc/sysconfig/grub 文件，命令为 vi /etc/sysconfig/grub，在倒数第二行 quiet 后加入如下代码，结果如图 3-12 所示。

```
net.ifnames=0 biosdevname=0
```

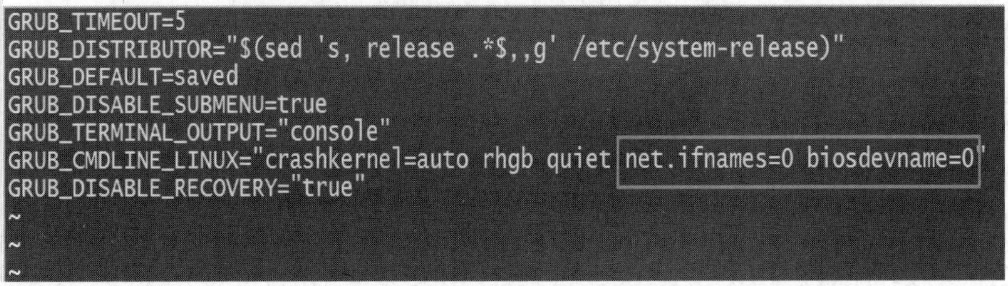

```
GRUB_TIMEOUT=5
GRUB_DISTRIBUTOR="$(sed 's, release .*$,,g' /etc/system-release)"
GRUB_DEFAULT=saved
GRUB_DISABLE_SUBMENU=true
GRUB_TERMINAL_OUTPUT="console"
GRUB_CMDLINE_LINUX="crashkernel=auto rhgb quiet net.ifnames=0 biosdevname=0"
GRUB_DISABLE_RECOVERY="true"
~
~
~
```

图 3-12 网卡配置 ifnames 设置

（2）执行命令 grub2-mkconfig -o /boot/grub2/grub.cfg，生成新的 grub.cfg 文件，如图 3-13 所示。

（3）重命名网卡，执行命令 mv ifcfg-ens32 ifcfg-eth0，修改 ifcfg-eth0 文件中的 DEVICE=ens32 为 DEVICE= eth0，如图 3-14 所示。

```
[root@localhost ~]#
[root@localhost ~]#
[root@localhost ~]# grub2-mkconfig -o /boot/grub2/grub.cfg
Generating grub configuration file ...
Found linux image: /boot/vmlinuz-3.10.0-327.el7.x86_64
Found initrd image: /boot/initramfs-3.10.0-327.el7.x86_64.img
Found linux image: /boot/vmlinuz-0-rescue-6fa6fd8dd8874932be8afaae5b91800f
Found initrd image: /boot/initramfs-0-rescue-6fa6fd8dd8874932be8afaae5b91800f
done
[root@localhost ~]#
```

图 3-13　生成新的 grub.cnf 文件

```
[root@www-jfedu-net ~]# cd /etc/sysconfig/network-scripts/
[root@www-jfedu-net network-scripts]# mv ifcfg-ens32 ifcfg-eth0
```

图 3-14　重命名网卡

（4）重启服务器，并验证网卡名称是否为 eth0。重启（Reboot）完毕，界面如图 3-15 所示。

```
192.168.1.103
Last login: Sat Aug 20 13:41:10 2016 from 192.168.1.101
[root@localhost ~]#
[root@localhost ~]# ifconfig
eth0: flags=4163<UP,BROADCAST,RUNNING,MULTICAST>  mtu 15
        inet 192.168.1.103  netmask 255.255.255.0  broad
        inet6 fe80::20c:29ff:fe1c:9220  prefixlen 64  sc
        ether 00:0c:29:1c:92:20  txqueuelen 1000  (Ether
        RX packets 39  bytes 5322 (5.1 KiB)
        RX errors 0  dropped 0  overruns 0  frame 0
        TX packets 47  bytes 8499 (8.2 KiB)
        TX errors 0  dropped 0 overruns 0  carrier 0  co

lo: flags=73<UP,LOOPBACK,RUNNING>  mtu 65536
        inet 127.0.0.1  netmask 255.0.0.0
        inet6 ::1  prefixlen 128  scopeid 0x10<host>
```

图 3-15　重启完毕的界面

3.12　CentOS 7 和 CentOS 8 密码重置

修改 CentOS 7 root 密码非常简单，只需登录系统，执行命令 passwd 并按 Enter 键即可。但是如果忘记 root，无法登录系统，如何重置 root 用户的密码呢？

（1）重启系统，系统启动进入欢迎界面，加载内核步骤时，按 E 键，然后选中“CentOS Linux（3.10.0–327.e17.x86_64）7 （Core）”，如图 3-16 所示。

（2）继续按 E 键进入编辑模式，找到 ro　crashkernel=auto　xxx 项，将 ro 改成 rw　init=/sysroot/bin/sh，如图 3-17（a）和图 3-17（b）所示。

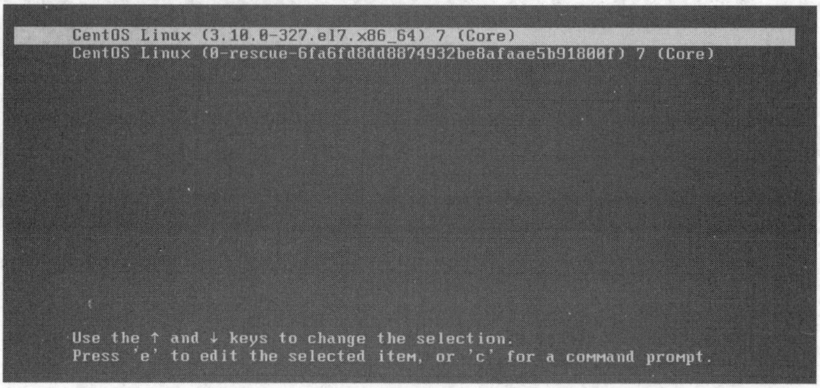

```
CentOS Linux (3.10.0-327.el7.x86_64) 7 (Core)
CentOS Linux (0-rescue-6fa6fd8dd8874932be8afaae5b91800f) 7 (Core)

Use the ↑ and ↓ keys to change the selection.
Press 'e' to edit the selected item, or 'c' for a command prompt.
```

图 3-16　内核菜单选择界面

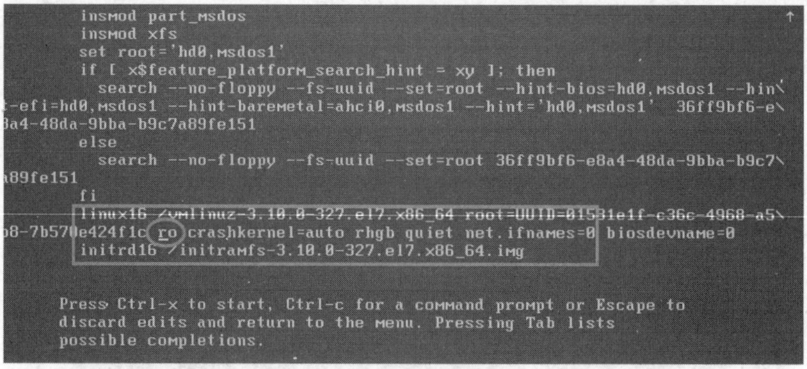

```
        insmod part_msdos
        insmod xfs
        set root='hd0,msdos1'
        if [ x$feature_platform_search_hint = xy ]; then
          search --no-floppy --fs-uuid --set=root --hint-bios=hd0,msdos1 --hin\
t-efi=hd0,msdos1 --hint-baremetal=ahci0,msdos1 --hint='hd0,msdos1'  36ff9bf6-e\
8a4-48da-9bba-b9c7a89fe151
        else
          search --no-floppy --fs-uuid --set=root 36ff9bf6-e8a4-48da-9bba-b9c7\
a89fe151
        fi
        linux16 /vmlinuz-3.10.0-327.el7.x86_64 root=UUID=0151e1f-c36c-4968-a5\
b8-7b570e424f1c ro crashkernel=auto rhgb quiet net.ifnames=0 biosdevname=0
        initrd16 /initramfs-3.10.0-327.el7.x86_64.img

      Press Ctrl-x to start, Ctrl-c for a command prompt or Escape to
      discard edits and return to the menu. Pressing Tab lists
      possible completions.
```

（a）CentOS 7 内核编辑界面

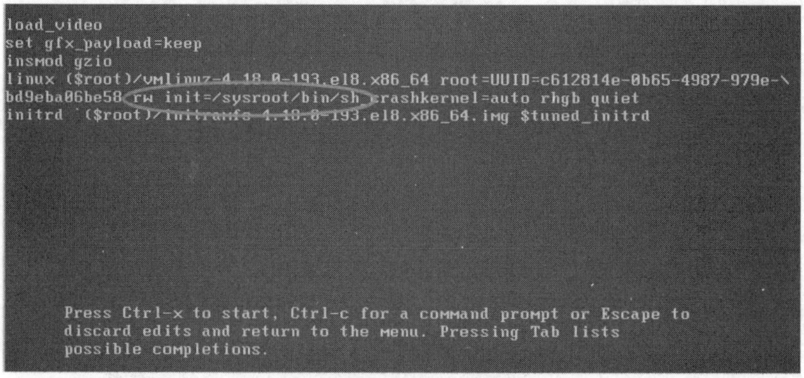

```
load_video
set gfx_payload=keep
insmod gzio
linux ($root)/vmlinuz-4.18.0-193.el8.x86_64 root=UUID=c612814e-0b65-4987-979e-\
bd9eba06be58 rw init=/sysroot/bin/sh crashkernel=auto rhgb quiet
initrd ($root)/initramfs-4.18.0-193.el8.x86_64.img $tuned_initrd

      Press Ctrl-x to start, Ctrl-c for a command prompt or Escape to
      discard edits and return to the menu. Pressing Tab lists
      possible completions.
```

（b）CentOS 8 内核编辑界面

图 3-17　内核编辑界面

（3）修改后界面如图 3-18 所示。

```
        search --no-floppy --fs-uuid --set=root --hint-bios=hd0,msdo
t-efi=hd0,msdos1 --hint-baremetal=ahci0,msdos1 --hint='hd0,msdos1'  36
8a4-48da-9bba-b9c7a89fe151
      else
        search --no-floppy --fs-uuid --set=root 36ff9bf6-e8a4-48da-9
a89fe151
      fi
      linux16 /vmlinuz-3.10.0-327.el7.x86_64 root=UUID=01581e1f-c36c
b8-7b570e424f1c rw init=/sysroot/bin/sh  crashkernel=auto rhgb quiet r
es=0 biosdevname=0
      initrd16 /initramfs-3.10.0-327.el7.x86_64.img

    Press Ctrl-x to start, Ctrl-c for a command prompt or Escape to
    discard edits and return to the menu. Pressing Tab lists
    possible completions.
```

图 3-18　修改后的内核编辑界面

（4）按 Ctrl+X 组合键进入单用户模式，如图 3-19 所示。

```
[    2.089600] sd 0:0:0:0: [sda] Assuming drive cache: write through

Generating "/run/initramfs/rdsosreport.txt"
[    3.757949] blk_update_request: I/O error, dev fd0, sector 0
[    4.168323] blk_update_request: I/O error, dev fd0, sector 0


Entering emergency mode. Exit the shell to continue.
Type "journalctl" to view system logs.
You might want to save "/run/initramfs/rdsosreport.txt" to a USB stick or /boot
after mounting them and attach it to a bug report.


:/#
```

图 3-19　进入系统单用户模式

（5）执行命令 chroot /sysroot 访问系统，并使用 passwd 修改 root 密码，如图 3-20 所示。

```
:/# chroot /sysroot
:/#
:/#
:/# passwd root
Changing password for user root.
New password:
BAD PASSWORD: The password is a palindrome
Retype new password:
passwd: all authentication tokens updated successfully.
:/# _
```

图 3-20　修改 root 用户密码

（6）更新系统信息，执行命令 touch /.autorelabel，在/目录下创建一个.autorelabel 文件。如果该文件存在，系统在重启时就会对整个文件系统进行 relabeling（重新标记），可以理解为对文件进行底层权限的控制和标记，如果 seLinux 属于 disabled 关闭状态则不需要执行这条命令，如图 3-21 所示。

```
:/# passwd root
Changing password for user root.
New password:
BAD PASSWORD: The password is a palindrome
Retype new password:
passwd: all authentication tokens updated successfully.
:/#
:/# touch /.autorelabel
:/#
:/#
:/#
```

图 3-21 创建 autorelabel 文件

3.13 远程管理 Linux 服务器

系统安装完毕，可以通过远程工具连接 Linux 服务器。远程连接服务器管理的优势在于可以跨地区管理服务器，例如读者在北京，需要管理的服务器在上海某 IDC 机房，通过远程管理，不需要到 IDC 机房现场去操作，直接通过远程工具即可管理，与在现场的管理效果完全相同。

远程管理 Linux 服务器要满足以下 3 个条件。

（1）服务器配置 IP 地址。如果服务器在公网，需配置公网 IP，如果服务器在内部局域网，可以直接配置内部私有 IP。

（2）服务器安装 SSHD 软件服务并启动该服务。几乎所有的 Linux 服务器系统安装完毕均会自动安装并启动 SSHD 服务，SSHD 服务监听 22 端口。SSHD 服务、OpenSSH 及 SSH 协议将在后续章节讲解。

（3）在服务器中防火墙服务需要允许 22 端口对外开放，初学者可以临时关闭防火墙。CentOS 6 Linux 关闭防火墙的命令为 service iptables stop，而 CentOS 7 Linux 关闭防火墙的命令为 systemctl stop firewalld.service。

常见的 Linux 远程管理工具包括 SecureCRT、Xshell、Putty、Xmanger 等。目前主流的远程管理 Linux 服务器工具为 SecureCRT，在官网下载并安装 SecureCRT，打开工具，单击左上角的 quick connect 快速连接，将弹出如图 3-22 所示的界面，连接配置具体步骤如下。

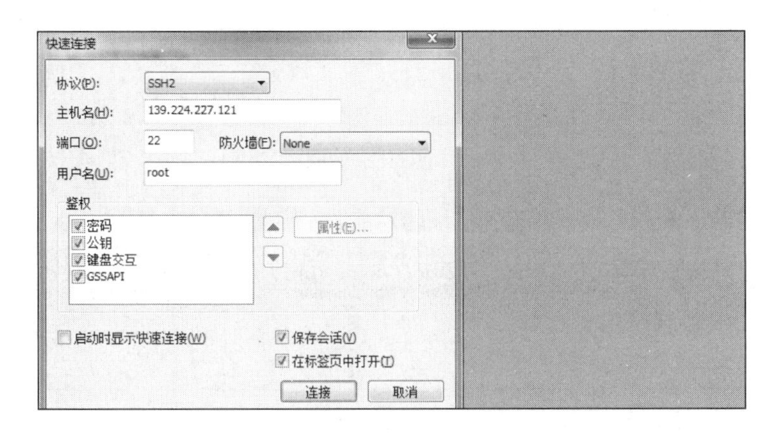

图 3-22　快速连接界面

（1）协议（P）：选择 SSH2。

（2）主机名（H）：输入 Linux 服务器 IP 地址。

（3）端口（O）：设置为 22。

（4）防火墙（F）：设置为 None。

（5）用户名（U）：设置为 root。

单击下方的“连接”按钮，会提示输入密码，输入 root 用户对应密码即可。

通过 SecureCRT 远程连接 Linux 服务器之后，将弹出如图 3-23 所示的界面，同服务器本地操作界面，在命令行可以执行命令，操作结果与在服务器现场操作一致。

```
139.224.227.121 ×
[root@www-jfedu-net ~]#
[root@www-jfedu-net ~]# ifconfig eth1
eth1      Link encap:Ethernet  HWaddr 00:16:3E:02:9A:37
          inet addr:139.224.227.121  Bcast:139.224.227.255  Mask:2
          UP BROADCAST RUNNING MULTICAST  MTU:1500  Metric:1
          RX packets:44877718 errors:0 dropped:0 overruns:0 frame:
          TX packets:43491436674 errors:0 dropped:0 overruns:0 car
          collisions:0 txqueuelen:1000
          RX bytes:10043984559 (9.3 GiB)  TX bytes:33444768684254

[root@www-jfedu-net ~]#
[root@www-jfedu-net ~]# ls
1.tgz                            epel-release-6-8.noarch.rpm  list_p
apache-maven-3.3.9-bin.tar.gz    httpd                        mod_bw
apache-tomcat-7.0.73.tar.gz      index.html?tid=13            mod_bw
auto_lamp_v2.sh                  ipvsadm-1.24.tar.gz          nginx-
auto_nginx                       jdk-8u131-linux-x64.tar.gz   nginx-
csy.log                          jfedu                        nginx_
edu                              keepalived-1.1.15.tar.gz     packag
edusoho                          keepalived-1.2.1.tar.gz      packag
edusoho-7.5.5.tar.gz             list.php                     PDO_MY
elasticsearch-analysis-ik        list.php?tid=13              PDO_MY
[root@www-jfedu-net ~]#
```

图 3-23　SecureCRT 远程连接 Linux 服务器

3.14 Linux 系统目录功能

通过以上知识的学习，读者应能够独立安装和配置 Linux 服务器 IP 并远程连接。为了进一步学习 Linux，需熟练掌握 Linux 系统各目录的功能。

Linux 主要树结构目录包括/、/root、/home、/usr、/bin、/tmp、/sbin、/proc、/boot 等，图 3-24 所示为典型的 Linux 目录结构。

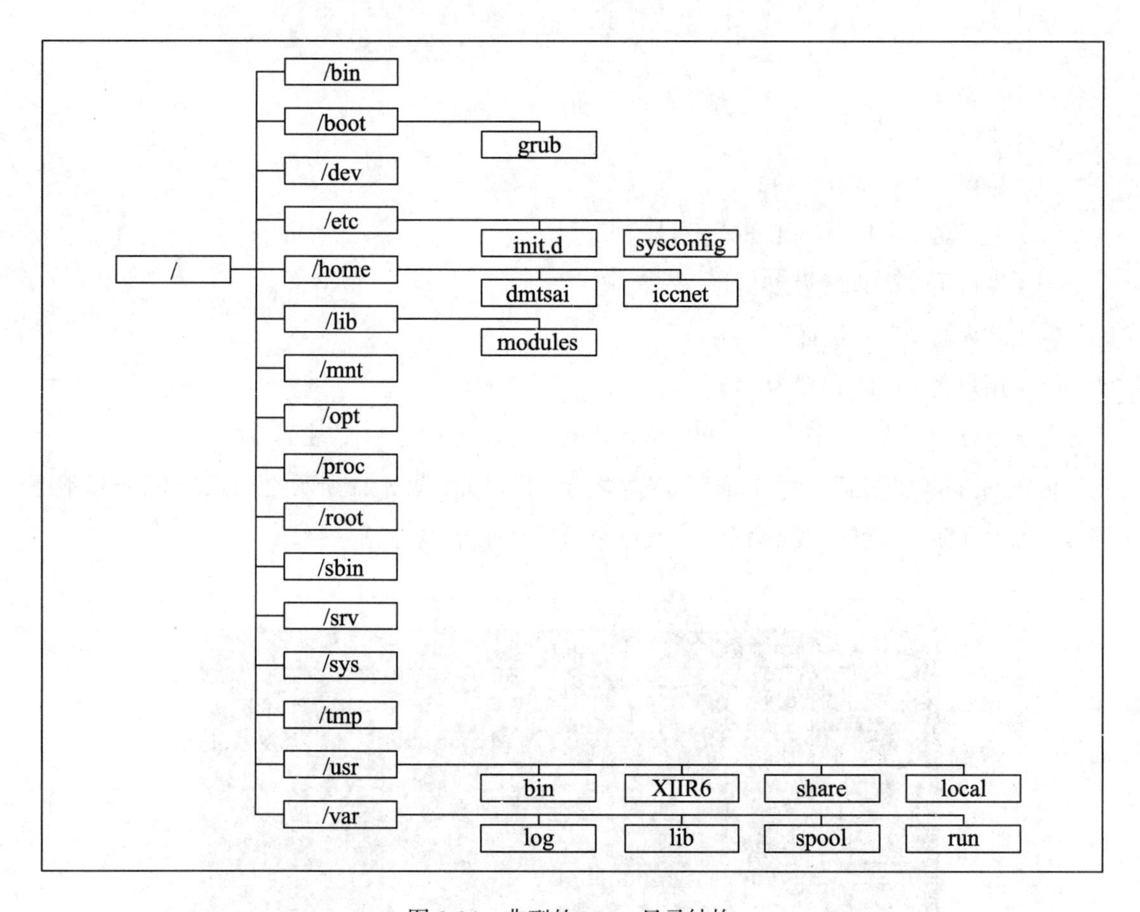

图 3-24 典型的 Linux 目录结构

Linux 系统中常见目录功能如下。

（1）/：根目录。

（2）/bin：存放必要的命令。

（3）/boot：存放内核以及启动所需的文件。

（4）/dev：存放硬件设备文件。

（5）/etc：存放系统配置文件。

（6）/home：普通用户的宿主目录，用户数据存放在其主目录中。

（7）/lib|lib64：存放必要的运行库。

（8）/mnt：存放临时的映射文件系统，通常用来挂载使用。

（9）/proc：存放存储进程和系统信息。

（10）/root：超级用户的主目录。

（11）/sbin：存放系统管理程序。

（12）/tmp：存放临时文件。

（13）/usr：存放应用程序、命令程序文件、程序库、手册和其他文档。

（14）/var：系统默认日志存放目录。

第 4 章　Linux 必备命令集

Linux 系统启动默认为字符界面，一般不会启动图形界面，所以熟练掌握命令行能更加方便、高效地管理 Linux 系统。

本章将介绍 Linux 系统必备命令各项参数及功能场景，Linux 常见命令包括 cd、ls、pwd、mkdir、rm、cp、mv、touch、cat、head、tail、chmod、vim 等。

4.1　Linux 命令集

初学者完成 Linux 系统安装以后，需学习 Linux 操作系统必备的命令，基于 Linux 命令管理 Linux 操作系统。必备 Linux 命令有哪些？

（1）基础命令：cd、ls、pwd、help、man、if、for、while、case、select、read、test、ansible、iptables、firewall-cmd、salt、mv、cut、uniq、sort、wc、source、sestatus、setenforce、date、ntpdate、crontab、rsync、ssh、scp、nohup、sh、bash、hostname、hostnamectl、source、ulimit、export、env、set、at、dir、db_load、diff、dmsetup、declare。

（2）用户权限相关命令：useradd、userdel、usermod、groupadd、groupmod、groupdel、chmod、chown、chgrp、umask、chattr、lsattr、id、who、whoami、last、su、sudo、w、chpasswd、chroot。

（3）文件管理相关命令：touch、mkdir、rm、rmdi、vi、vim、cat、head、tail、less、more、find、sed、grep、awk、echo、ln、stat、file。

（4）软件资源管理相关命令：rpm、yum、tar、unzip、zip、gzip、wget、curl、rz、sz、jar、apt-get、bzip2、service、systemctl、make、cmake、chkconfig。

（5）系统资源管理相关命令：fdisk、mount、umount、mkfs.ext4、fsck.ext4、parted、lvm、dd、du、df、top、iftop、free、w、uptime、iostat、vmstat、iotop、ps、netstat、lsof、ss、sar。

（6）网络管理相关命令：ping、ifconfig、ip addr、ifup、ifdown、nmcli、route、nslookup、traceroute、dig、tcpdump、nmap、brctl、ethtool、setup、arp、ab、iperf。

（7）Linux 系统开关机相关命令：init、reboot、shutdown、halt、poweroff、runlevel、login、logout、exit。

Linux 命令可以分为内置命令和外部命令，内置命令直接内置在 shell 程序之中，随系统启动而自动加载至内存，不受磁盘文件影响；外部命令由相应的系统软件提供，用户需要时才从硬盘中读入内存。相关命令如下：

```
#常用查看内置命令如下：
[root@node1 ~]# enable
enable .
enable :
enable [
enable alias
enable bg
enable bind
#禁用某个内置命令
[root@www.jfedu.net ~]# enable -n alias

#启用内置命令（默认为启动）
[root@www.jfedu.net ~]# enable alias
```

4.2 cd 命令详解

cd 命令主要用于目录切换，如 cd /home 表示切换至/home 目录；cd /root 表示切换至/root 目录；cd .. /表示切换至上一级目录；cd./表示切换至当前目录。

其中.和..可以理解为相对路径，例如 cd./test 表示以当前目录为参考，表示相对于当前；而 cd /home/test 表示完整的路径，可理解为绝对路径，如图 4-1 所示。

```
[root@www-jfedu-net tmp]# cd
[root@www-jfedu-net ~]#
[root@www-jfedu-net ~]# cd /home/
[root@www-jfedu-net home]#
[root@www-jfedu-net home]# cd /root/
[root@www-jfedu-net ~]#
[root@www-jfedu-net ~]# cd /
[root@www-jfedu-net /]#
[root@www-jfedu-net /]# cd /usr/local/sbin/
[root@www-jfedu-net sbin]#
[root@www-jfedu-net sbin]# cd /root/
[root@www-jfedu-net ~]#
[root@www-jfedu-net ~]#
[root@www-jfedu-net ~]# cd /opt/
[root@www-jfedu-net opt]#
[root@www-jfedu-net opt]#
```

图 4-1 Linux cd 命令操作

4.3 ls 命令详解

ls 命令主要用于浏览目录下的文件或文件夹，使用方法为：ls ./用于查看当前目录所有的文件和目录，ls -a 用于查看所有的文件，包括隐藏文件和以“.”开头的文件，常用参数详解如下：

```
-a, --all                    #不隐藏任何以"."开头的项目
-A, --almost-all             #列出除以"."及".."开头以外的任何项目
    --author                 #与-l 同时使用时列出每个文件的作者
-b, --escape                 #以八进制溢出序列表示不可打印的字符
    --block-size=大小        #块以指定大小的字节为单位
-B, --ignore-backups         #不列出任何以"~"字符结束的项目
-d, --directory              #当遇到目录时列出目录本身而非目录内的文件
-D, --dired                  #产生适合 Emacs 的 dired 模式使用的结果
-f                           #不进行排序,-aU 选项生效,-lst 选项失效
-i, --inode                  #显示每个文件的 inode 号
-I, --ignore=PATTERN         #不显示任何符合指定 shell PATTERN 的项目
-k                           #即--block-size=1KB
-l                           #使用较长格式列出信息
-n, --numeric-uid-gid        #类似 -l,但列出 UID 及 GID 号
-N, --literal                #输出未经处理的项目名称 (如不特别处理控制字符)
-r, --reverse                #排序时保留顺序
-R, --recursive              #递归显示子目录
-s, --size                   #以块数形式显示每个文件分配的尺寸
-S                           #根据文件大小排序
-t                           #根据修改时间排序
```

```
-u                          #同-lt 一起使用：按照访问时间排序并显示
                            #同-l 一起使用：显示访问时间并按文件名排序
                            #其他：按照访问时间排序
-U                          #不进行排序，按照目录顺序列出项目
-v                          #在文本中进行数字(版本)的自然排序
### 范例如下
#【-l】参数主要是可以看到文件更详细的信息
[root@www.jfedu.net ~]# ls -l /etc/fstab
-rw-r--r--  1  root  root  501  4月   1  2021 /etc/fstab
#长格式分别显示了文件类型及权限，文件链接次数，文件所有者，文件属组，文件大小，文件修改时
#间，文件名
```

4.4　pwd 命令详解

pwd 命令主要用于显示或查看当前目录，如图 4-2 所示。

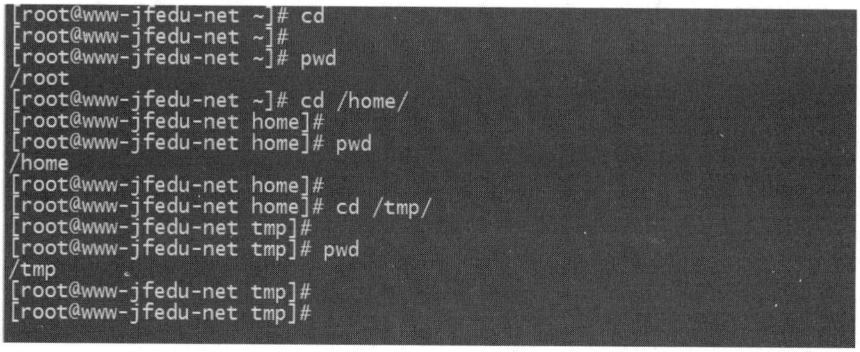

```
[root@www-jfedu-net ~]# cd
[root@www-jfedu-net ~]#
[root@www-jfedu-net ~]# pwd
/root
[root@www-jfedu-net ~]# cd /home/
[root@www-jfedu-net home]#
[root@www-jfedu-net home]# pwd
/home
[root@www-jfedu-net home]#
[root@www-jfedu-net home]# cd /tmp/
[root@www-jfedu-net tmp]#
[root@www-jfedu-net tmp]# pwd
/tmp
[root@www-jfedu-net tmp]#
[root@www-jfedu-net tmp]#
```

图 4-2　pwd 命令查看当前目录

4.5　mkdir 命令详解

mkdir 命令主要用于创建目录，用法为 mkdir dirname，命令后接目录的名称，常用参数详解如下：

```
#用法：mkdir [选项]... 目录;若指定目录不存在则创建目录
#长选项必须使用的参数对于短选项时也必须使用
-m, --mode=模式            #设置权限模式(类似 chmod)，而不是 rwxrwxrwx 减 umask
-p, --parents   #需要时创建目标目录的上层目录，但即使这些目录已存在也不当作错误处理
-v, --verbose              #每次创建新目录都显示信息
-Z, --context=CTX          #将每个创建的目录的 SELinux 安全环境设置为 CTX
```

```
--help                          #显示此帮助信息并退出
--version                       #显示版本信息并退出
### 范例如下
# 【-p】递归创建目录,如果上级目录不存在,自动创建上级目录;如果目录已经存在,则不创建,
不会提示报错:
mkdir -p /data/nginx/html
# 【-d】指定创建目录的权限:
[root@www.jfedu.net ~]# mkdir  -m  700 /data/jfedu
[root@www.jfedu.net ~]# ll  /data/jfedu-d
drwx------ 2 root root 6 11月 27 11:34 /data/jfedu
```

4.6 rm 命令详解

rm 命令主要用于删除文件或者目录，用法为 rm -rf test.txt（-r 表示递归，-f 表示强制），常用参数详解如下：

```
#用法：rm [选项]... 文件...删除 (unlink) 文件
-f, --force                 #强制删除。忽略不存在的文件,不提示确认
-i                          #在删除前需要确认
-I                  #在删除超过三个文件或者递归删除前要求确认。此选项比-i 提示内容更少,
                    #但同样可以阻止大多数错误发生
-r, -R, --recursive         #递归删除目录及其内容
-v, --verbose               #详细显示进行的步骤
--help                      #显示此帮助信息并退出
--version                   #显示版本信息并退出
#默认 rm 不会删除目录,使用--recursive(-r 或-R)选项可删除每个给定的目录,以及其下所
#有的内容
#要删除第一个字符为"-"的文件 (如"-foo"),请使用以下方法之一:
rm -- -foo
rm ./-foo
```

4.7 cp 命令详解

cp 命令主要用于复制文件，用法为 cp old.txt /tmp/new.txt，常用于备份，如果复制目录需要加-r 参数。常用参数详解如下：

```
#用法：cp [选项]... [-T] 源文件 目标文件
#或 cp [选项]... 源文件... 目录
#或 cp [选项]... -t 目录 源文件...
#将源文件复制至目标文件,或将多个源文件复制至目标目录
```

```
#长选项必须使用的参数对于短选项时也是必须使用的
-a, --archive                  #等于-dR --preserve=all
    --backup[=CONTROL          #为每个已存在的目标文件创建备份
-b                             #类似--backup 但不接受参数
    --copy-contents            #在递归处理是复制特殊文件内容
-d                             #等于--no-dereference --preserve=links
-f, --force                    #如果目标文件无法打开则将其移除并重试(当采用-n 选项)
                               #存在时则不需再选此项
-i, --interactive              #覆盖前询问(使前面的 -n 选项失效)
-H                             #跟随源文件中的命令行符号链接
-l, --link                     #链接文件而不复制
-L, --dereference              #总是跟随符号链接
-n, --no-clobber               #不覆盖已存在的文件(使前面的 -i 选项失效)
-P, --no-dereference           #不跟随源文件中的符号链接
-p                             #等于--preserve=模式,所有权,时间戳
    --preserve[=属性列表        #保持指定的属性(默认:模式,所有权,时间戳)
                               #可能保持附加属性:环境、链接、xattr 等
-c                             same as --preserve=context
    --sno-preserve=属性列表     #不保留指定的文件属性
    --parents                  #复制前在目标目录创建来源文件路径中的所有目录
-R, -r, --recursive            #递归复制目录及其子目录内的所有内容
### 范例如下
#【-u】只复制源文件有更新的,否则不执行
[root@www.jfedu.net ~]# cp fstab /tmp/
cp: 是否覆盖"/tmp/fstab"? y
[root@www.jfedu.net ~]# cp -u fstab /tmp/  #因为文件没变,所以没有执行
[root@www.jfedu.net ~]# echo "this is update"  >> fstab
[root@www.jfedu.net ~]# cp -u fstab /tmp/  #因为源文件更新,所以执行复制动作
cp: 是否覆盖"/tmp/fstab"? y
#【-d】复制链接文件,如果直接复制,不带参数,会导致软链接失效,直接创建普通文件
[root@www.jfedu.net ~]# ln -s /etc/fstab fs
[root@www.jfedu.net ~]# cp -d fs /tmp/
[root@www.jfedu.net ~]# ll /tmp/fs
lrwxrwxrwx 1 root root 10 9月  2 14:34 /tmp/fs -> /etc/fstab
#【-S】复制同名文件到目的目录时,对已存在的文件进行备份,且自定义备份文件扩展名
[root@www.jfedu.net ~]# cp /etc/passwd /tmp/
[root@www.jfedu.net ~]# \cp -S ".'date +%F'" /etc/passwd /tmp/
[root@www.jfedu.net ~]# ll /tmp/passwd*
-rw-r--r-- 1 root root 1119 9月  2 14:37 /tmp/passwd
-rw-r--r-- 1 root root 1119 9月  2 14:36 /tmp/passwd.2021-09-02
#【-a 】重要参数可以实现递归,复制软链接,保留文件属性
```

4.8 mv 命令详解

mv 命令主要用于重命名或移动文件或目录，用法为 mv old.txt new.txt，常用参数详解如下：

```
#用法：mv [选项]... [-T] 源文件 目标文件
#或 mv [选项]... 源文件... 目录
#或 mv [选项]... -t 目录 源文件
#将源文件重命名为目标文件,或将源文件移动至指定目录。长选项必须使用的参数对于短选项也是
#必须使用的
      --backup[=CONTROL]          #为每个已存在的目标文件创建备份
-b                                #类似于--backup 但不接受参数
-f, --force                       #覆盖前不询问
-i, --interactive                 #覆盖前询问
-n, --no-clobber                  #不覆盖已存在文件,如果指定了-i、-f、-n 中的多个,
                                  #仅最后一个生效
    --strip-trailing-slashes      #去掉每个源文件参数尾部的斜线
-S, --suffix=SUFFIX               #替换常用的备份文件扩展名
-t, --target-directory=DIRECTORY #指定目的目录
-T, --no-target-directory         #将目标文件视作普通文件处理
-u, --update                      #只在源文件比目标文件新,或目标文件
                                  #不存在时才进行移动
-v, --verbose                     #详细显示进行的步骤
--help                            #显示此帮助信息并退出
--version                         #显示版本信息并退出
### 范例如下
#【-t】将文件或者目录移动到指定目录
[root@www.jfedu.net ~]# cp /etc/passwd
[root@www.jfedu.net ~]# mv -t /tmp/ passwd
[root@www.jfedu.net ~]# ll /tmp/passwd
-rw-r--r-- 1 root root 1119 9月   2 14:47 /tmp/passwd
#【-b】移动文件前,对已存在的文件进行备份
[root@www.jfedu.net ~]# mv -b passwd  /tmp/
mv：是否覆盖"/tmp/passwd"?  y
[root@www.jfedu.net ~]# ll /tmp/passwd*
-rw-r--r-- 1 root root 1119 9月   2 14:47 /tmp/passwd
-rw-r--r-- 1 root root 1119 9月   2 14:37 /tmp/passwd~
#【-f】 强制覆盖,不提示
[root@www.jfedu.net ~]# cp /etc/passwd
[root@www.jfedu.net ~]# mv -f passwd  /tmp/
```

4.9　touch 命令详解

touch 命令主要用于创建普通文件，用法为 touch test.txt，如果文件存在，则表示修改当前文件时间。常用参数详解如下：

```
#用法：touch [选项]... 文件...
#将每个文件的访问时间和修改时间改为当前时间
#不存在的文件将会被创建为空文件,除非使用-c 或-h 选项
#如果文件名为"-"则特殊处理,更改与标准输出相关文件的访问时间
#长选项必须使用的参数对于短选项时也是必须使用的
-a                          #只更改访问时间
-c, --no-create             #不创建任何文件
-d, --date=字符串           #使用指定字符串表示时间而非当前时间
-f                          #(忽略)
-h, --no-dereference        #会影响符号链接本身,而非符号链接所指示的目的地
                            #(当系统支持更改符号链接的所有者时,此选项才有用)
-m                          #只更改修改时间
-r, --reference=文件        #使用指定文件的时间属性而非当前时间
-t STAMP                    #使用[[CC]YY]MMDDhhmm[.ss] 格式的时间而非当前时间
--time=WORD                 #使用 WORD 指定的时间：access、atime、use 都等于-a
                            #选项的效果,而 modify、mtime 等于-m 选项的效果
--help                      #显示此帮助信息并退出
--version                   #显示版本信息并退出
### 范例如下
#【-t】指定修改文件时间
[root@www.jfedu.net ~]# touch -t 202109021412 file
[root@www.jfedu.net ~]# ll file
-rw-r--r-- 1 root root 0 9月  2 14:12 file
```

4.10　cat 命令详解

cat 命令主要用于查看文件内容，用法为 cat test.txt，可以查看 test.txt 内容，常用参数详解如下：

```
#用法：cat [选项]... [文件]...
#将[文件]或标准输入组合输出到标准输出
-A, --show-all                  #等于-vET
-b, --number-nonblank           #对非空输出行编号
-e                              #等于-vE
```

```
-E, --show-ends                    #在每行结束处显示"$"
-n, --number                       #对输出的所有行编号
-s, --squeeze-blank                #不输出多行空行
-t                                 #与-vT 等价
-T, --show-tabs                    #将跳格字符显示为^I
-u                                 #(被忽略)
-v, --show-nonprinting             #使用^ 和 M- 引用,LFD 和 TAB 除外
--help                             #显示此帮助信息并退出
--version                          #显示版本信息并退出
```

cat 还有一种用法，即 cat …EOF…EOF，表示追加内容至/tmp/test.txt 文件中，详细如下：

```
#在文件最后一行追加以下内容
cat >>/tmp/test.txt<<EOF
My Name is JFEDU.NET
I am From Bei jing.
EOF
#从文件开头用新内容覆盖原内容
cat >/tmp/test.txt<<EOF
This is new line
EOF
```

4.11 zip 命令详解

zip 主要用来解压缩文件，或者对文件进行打包操作。文件经它压缩后会另外产生具有“.zip”扩展名的压缩文件，执行完不会删除源文件。

```
#语法如下
zip  选项  参数
#常用选项如下
-F                                 #尝试修复已损坏的压缩文件
-g                                 #将文件压缩后附加在已有的压缩文件之后,而非另行建
                                   #立新的压缩文件
-h                                 #在线帮助
-k                                 #使用 MS-DOS 兼容格式的文件名称
-l                                 #压缩文件时,把 LF 字符置换成 LF+CR 字符
-m                                 #将文件压缩并加入压缩文件后,删除原始文件,即把文
                                   #件移到压缩文件中
-o                                 #以压缩文件内拥有最新更改时间的文件为准,将压缩文
                                   #件的更改时间设成和该文件相同
-q                                 #不显示指令执行过程
-r                                 #递归处理,将指定目录下的所有文件和子目录一并处理
-S                                 #包含系统和隐藏文件
-t<日期时间>                        #把压缩文件的日期设成指定的日期
```

```
-n                                  #压缩级别 n 是一个介于 1~9 的数值
### 范例如下
#压缩单个文件
zip fstab.zip /etc/fstab
#把/tmp/整个目录压缩到指定文件
[root@www.jfedu.net ~]# zip tmp.zip /tmp/*
#【-n】指定压缩级别
zip -9  fstab2.zip  /etc/fstab
#【-r】递归压缩目录中的子目录
#【-m】压缩完移除源文件，只保留压缩后的文件
[root@www.jfedu.net ~]# zip -rm  tmp.zip /tmp/*
#解压缩文件
[root@www.jfedu.net ~]# unzip tmp.zip
```

4.12 gzip 命令详解

gzip 是 Linux 系统中经常使用的一个对文件进行压缩和解压缩的命令。gzip 不仅可以用来压缩大的、较少使用的文件以节省磁盘空间，还可以和 tar 命令一起构成 Linux 操作系统中比较流行的压缩文件格式。

```
#语法如下
gzip 选项  参数
#常用选项如下
-d                          #解开压缩文件
-f                          #强行压缩文件
-h                          #在线帮助
-l                          #列出压缩文件的相关信息
-N                          #压缩文件时,保存原来的文件名称及时间戳记
-q                          #不显示警告信息
-r                          #递归处理,将指定目录下的所有文件及子目录一并处理
-t                          #测试压缩文件是否正确无误
-v                          #显示指令执行过程
-V                          #显示版本信息
-n                          #指定压缩级别,-1 或--fast 表示最快压缩方法(低压缩比),
                            #-9 或--best 表示最慢压缩方法(高压缩比)。默认级别为 6
-c                          #保留原始文件,生成标准输出流(结合重定向使用)
### 范例如下
#压缩普通文件
[root@www.jfedu.net ~]# dd if=/dev/zero of=jfedu bs=1M count=100#
#创建一个 100MB 的文件
#记录了 100+0 的读入
#记录了 100+0 的写出
```

```
104857600byte(105MB)已复制,1.42292 s,73.7 MB/s
[root@www.jfedu.net ~]# gzip jfedu
[root@www.jfedu.net ~]# ll -h
#总用量 100KB
-rw-r--r-- 1 root root 100K 9月  2 15:38 jfedu.gz        #经过压缩,100MB 的文
                                                           #件压缩为 100KB
#【-r】递归压缩目录中的文件,不会压缩目录本身
[root@www.jfedu.net ~]# gzip -r /tmp/
[root@www.jfedu.net ~]# ll /tmp/
#总用量 20
-rw-r--r-- 1 root root 312 4月  1 2020 fs.gz
-rw-r--r-- 1 root root 326 9月  2 14:31 fstab.gz
#省略部分文件
#【-c】压缩完文件后,保留原文件
[root@www.jfedu.net ~]# cp /etc/fstab
[root@www.jfedu.net ~]# gzip -c fstab > fstab.gz
[root@www.jfedu.net ~]# ll
#总用量 8
-rw-r--r-- 1 root root 501 9月  2 15:45 fstab
-rw-r--r-- 1 root root 315 9月  2 15:45 fstab.gz
#【-d】解压文件
[root@www.jfedu.net ~]# gzip -d fstab.gz
#或者
[root@www.jfedu.net ~]# gunzip fstab.gz
[root@www.jfedu.net ~]# ls
fstab
#不解压,直接查看压缩文件内容
[root@www.jfedu.net ~]# zcat  fstab.gz
#
#/etc/fstab
#Created by anaconda on Wed Apr  1 20:41:42 2020
#省略部分内容
```

4.13 bzip2 命令详解

bzip2 命令是 Linux 常用解压缩命令之一，压缩比非常高。经过 bzip2 压缩的文件后缀格式为 bz2。

```
# 语法如下
bzip2 [option]  参数
# 常用选项如下
-k                                    #保留源文件
-d                                    #解压缩
```

```
-1~9                        #定义压缩级别
### 范例如下
# 压缩普通文件
[root@www.jfedu.net ~]# ll -h
#总用量 100MB
-rw-r--r-- 1 root root 100M 9月  2 15:55 jfedu
[root@www.jfedu.net ~]# bzip2 jfedu
[root@www.jfedu.net ~]# ll -h
#总用量 4.0KB
-rw-r--r-- 1 root root 113 9月  2 15:55 jfedu.bz2
#【-d】解压缩文件
[root@www.jfedu.net ~]# ll -h
#总用量 4.0KB
-rw-r--r-- 1 root root 113 9月  2 15:55 jfedu.bz2
[root@www.jfedu.net ~]# bzip2 -d jfedu.bz2
[root@www.jfedu.net ~]# ll
#总用量 102400
-rw-r--r-- 1 root root 104857600 9月  2 15:55 jfedu
#【-k】压缩完,保留原文件
[root@www.jfedu.net ~]# bzip2 -k jfedu
[root@www.jfedu.net ~]# ll -h
#总用量 101MB
-rw-r--r-- 1 root root 100M 9月  2 15:55 jfedu
-rw-r--r-- 1 root root  113 9月  2 15:55 jfedu.bz2
```

4.14 tar 命令详解

tar 命令主要用于创建归档文件。

```
#语法如下
tar  选项  参数
#常用选项如下
-c                    #创建新的 tar 包
-f                    #指定 tar 包名
-r                    #添加文件到归档文件,须与 f 结合使用,指定归档文件
-z                    #指定 gzip 压缩 tar 包,后缀为.tar.gz
-j                    #指定 bzip2 解压缩文件,后缀为.tar.bz2
-p                    #保留文件的权限和属性
--remove-files        #归档后删除源文件
### 范例如下
#创建一个归档文件
[root@www.jfedu.net ~]# tar -cf jfedu.tar jfedu*
#【-r】在归档文件中添加新文件
```

```
[root@www.jfedu.net ~]# tar -rf jfedu.tar  fstab
#【-t】列出归档文件中的文件
[root@www.jfedu.net ~]# tar -tf jfedu.tar
jfedu
jfedu.bz2
fstab
#【x】从归档文件中提取文件
[root@www.jfedu.net ~]# tar -xf jfedu.tar
#【z】创建归档文件时,直接压缩文件
[root@www.jfedu.net ~]# tar -czf jfedu.tar.gz fstab  jfedu
[root@www.jfedu.net ~]# ll jfedu.tar.gz
-rw-r--r-- 1 root root 102216 9月   2 16:21 jfedu.tar.gz
```

4.15 head 命令详解

head 命令主要用于查看文件内容，通常查看文件前 10 行，head -10 /var/log/messages 可以查看该文件前 10 行的内容。常用参数详解如下:

```
#用法：head [选项]... [文件]...
#将每个指定文件的头 10 行显示到标准输出
#如果指定了多于一个文件,在每一段输出前会给出文件名作为文件头
#如果不指定文件,或者文件为"-",则从标准输入读取数据,长选项必须使用的参数对于短选项时
#也是必须使用的
-q, --quiet, --silent             #不显示包含给定文件名的文件头
-v, --verbose                     #总是显示包含给定文件名的文件头
--help                            #显示此帮助信息并退出
--version                         #显示版本信息并退出
-c,  --bytes=[-]K                 #显示每个文件的前 K 字节内容,如果附加"-"参数,则
                                  #除了每个文件的最后 K 字节数据外显示剩余全部内容
-n, --lines=[-]K                  #显示每个文件的前 K 行内容,如果附加"-"参数,则除
                                  #了每个文件的最后 K 行外显示剩余全部内容
```

4.16 tail 命令详解

tail 命令主要用于查看文件内容，通常查看末尾 10 行，tail -fn 100 /var/log/messages 可以实时查看该文件末尾 100 行的内容。常用参数详解如下:

```
用法：tail [选项]... [文件]...
#显示每个指定文件的最后 10 行到标准输出
#若指定了多于一个文件,程序会在每段输出的开始添加相应文件名作为头
```

```
#如果不指定文件或文件为"-" ,则从标准输入读取数据
#长选项必须使用的参数对于短选项也是必须使用的
-n, --lines=K                              #输出的总行数,默认为 10 行
-q, --quiet, --silent                      #不输出给出文件名的头
--help                                     #显示此帮助信息并退出
--version                                  #显示版本信息并退出
-f, --follow[={name|descriptor}]           #即时输出文件变化后追加的数据
          -f, --follow                     #等于--follow=descriptor
-F                                         #即--follow=name -retry
-c, --bytes=K                              #输出最后 K 字节;另外,使用-c
+K                                         #从每个文件的第 K 字节输出
```

4.17　less 命令详解

less 命令通常用于查看大文件，可以分屏显示文件内容。常用参数详解如下：

```
#语法如下
less 选项　参数
#打开文件后,常用快捷键如下
空格: 显示下一屏内容
b: 显示上一屏内容
f: 显示下一屏内容
```

4.18　more 命令详解

more 命令详解如下：

```
more [-dlfpcsu] [-num] [+/pattern] [+linenum] [file ...]
more [-dlfpcsu ] [-num ] [+/ pattern] [+ linenum] [file ... ]
#命令参数如下
+n : 从第 n 行开始显示
-n : 屏幕显示 n 行
+/pattern     #在每个档案显示前搜寻该字串(pattern),然后从该字串前两行之后开始显示
-c            #从顶部清屏,然后显示
-d            #提示"Press space to continue,'q' to quit(按空格键继续,按 Q 键退出)",
              #禁用响铃功能
-l            #忽略 Ctrl+l(换页)字符
-p            #通过清除窗口而不是滚屏来对文件进行换页,与-c 选项相似
-s            #把连续的多个空行显示为一行
-u            #把文件内容中的下画线去掉
#常用操作命令如下
Enter         #向下 n 行,需要定义。默认为 1 行
Ctrl+F        #向下滚动一屏
```

```
空格键          #向下滚动一屏
Ctrl+B          #返回上一屏
=               #输出当前行的行号
:f              #输出文件名和当前行的行号
V               #调用 vi 编辑器
!               #调用 Shell,并执行命令
q               #退出 more
```

4.19 chmod 命令详解

chmod 命令主要用于修改文件或目录的权限，例如 chmod o+w test.txt，为其他人赋予 test.txt 写入权限。常用参数详解如下：

```
#用法：chmod [选项]... 模式[,模式]... 文件...
#或 chmod [选项]... 八进制模式 文件...
#或 chmod [选项]... --reference=参考文件 文件,将每个文件的模式更改为指定值
-c, --changes                    #类似 --verbose,但只在有更改时才显示结果
    --no-preserve-root           #不特殊对待根目录(默认)
    --preserve-root              #禁止对根目录进行递归操作
-f, --silent, --quiet            #去除大部分错误信息
-R, --recursive                  #以递归方式更改所有的文件及子目录
--help                           #显示此帮助信息并退出
--version                        #显示版本信息并退出
-v, --verbose                    #为处理的所有文件显示诊断信息
--reference=参考文件             #使用指定参考文件的模式,而非自行指定权限模式
```

4.20 chown 命令详解

chown 命令主要用于文件或文件夹宿主及属组的修改，命令格式如 chown -R root.root /tmp/test.txt，表示修改 test.txt 文件的用户和组均为 root。常用参数详解如下：

```
#用法：chown [选项]... [所有者][:[组]] 文件...
#或 chown [选项]... --reference=参考文件 文件...
#更改每个文件的所有者和/或所属组
#当使用 --reference 参数时,将文件的所有者和所属组更改为与指定参考文件相同
-f, --silent, --quiet        #去除大部分错误信息
--reference=参考文件         #使用参考文件的所属组,而非指定值
-R, --recursive              #递归处理所有的文件及子目录
-v, --verbose                #为处理的所有文件显示诊断信息
-H                           #命令行参数是一个指向目录的符号链接,则遍历符号链接
-L                           #遍历每一个遇到的指向目录的符号链接
```

```
-P                              #遍历任何符号链接(默认)
--help                          #显示帮助信息并退出
--version                       #显示版本信息并退出
```

4.21　echo 命令详解

echo 命令主要用于打印字符或回显，例如输入 echo ok，会显示 ok，　echo　ok　> test.txt 则会把 ok 字符覆盖 test.txt 内容。“>”表示覆盖，原内容被覆盖，“>>”表示追加，原内容不变。

例如 echo ok >> test.txt，表示向 test.txt 文件追加 ok 字符，不覆盖原文件里的内容。常用参数详解如下：

```
使用-e 扩展参数选项时,与如下参数一起使用,有不同含义,例如:
\a                          #发出警告声
\b                          #删除前一个字符
\c                          #最后不加上换行符号
\f                          #换行但光标仍旧停留在原来的位置
\n                          #换行且光标移至行首
\r                          #光标移至行首,但不换行
\t                          #插入 tab; \v 与\f 相同
\\                          #插入\字符
\033[30m                    #黑色字 \033[0m
\033[31m                    #红色字 \033[0m
\033[32m                    #绿色字 \033[0m
\033[33m                    #黄色字 \033[0m
\033[34m                    #蓝色字 \033[0m
\033[35m                    #紫色字 \033[0m
\033[36m                    #天蓝色字 \033[0m
\033[37m                    #白色字 \033[0m
\033[40;37m                 #黑底白字 \033[0m
\033[41;37m                 #红底白字 \033[0m
\033[42;37m                 #绿底白字 \033[0m
\033[43;37m                 #黄底白字 \033[0m
\033[44;37m                 #蓝底白字 \033[0m
\033[45;37m                 #紫底白字 \033[0m
\033[46;37m                 #天蓝底白字 \033[0m
\033[47;30m                 #白底黑字 \033[0m
```

echo –e 表示颜色打印扩展，auto_lamp_v2.sh 的内容如下：

```
echo -e "\033[36mPlease Select Install Menu follow:\033[0m"
echo -e "\033[32m1)Install Apache Server\033[1m"
echo "2)Install MySQL Server"
echo "3)Install PHP Server"
```

```
echo "4)Configuration index.php and start LAMP server"
echo -e "\033[31mUsage: { /bin/sh $0 1|2|3|4|help}\033[0m"
```

执行结果如图 4-3 所示。

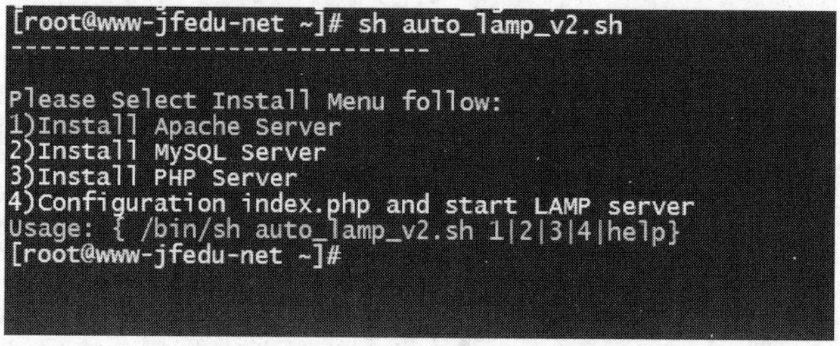

```
[root@www-jfedu-net ~]# sh auto_lamp_v2.sh
----------------------------

Please Select Install Menu follow:
1)Install Apache Server
2)Install MySQL Server
3)Install PHP Server
4)Configuration index.php and start LAMP server
Usage: { /bin/sh auto_lamp_v2.sh 1|2|3|4|help}
[root@www-jfedu-net ~]#
```

图 4-3 echo –e 颜色打印执行结果

4.22 df 命令详解

df 命令常用于磁盘分区查询，常用命令为 df －h。常用参数详解如下:

```
#用法: df [选项]... [文件]...
#显示每个文件所在的文件系统的信息,默认是显示所有文件系统
#长选项必须使用的参数对于短选项时也是必须使用的
-a, --all                     #显示所有文件系统的使用情况,包括虚拟文件系统
-B, --block-size=SIZE         #使用字节大小块
-h, --human-readable          #以人们可读的形式显示大小
-H, --si                      #同-h,但是强制使用 1000 而不是 1024
-i, --inodes                  #显示 inode 信息而非块使用量
-k                            #即--block-size=1K
-l, --local                   #只显示本机的文件系统
    --no-sync                 #取得使用量数据前不进行同步动作(默认)
-P, --portability             #使用 POSIX 兼容的输出格式
    --sync                    #取得使用量数据前先进行同步动作
-t, --type=类型               #只显示指定文件系统为指定类型的信息
-T, --print-type              #显示文件系统类型
-x, --exclude-type=类型       #只显示文件系统不是指定类型信息
--help                        #显示帮助信息并退出
--version                     #显示版本信息并退出
```

4.23 du 命令详解

du 命令常用于查看文件在磁盘中的使用量，常用命令为 du –sh，用于查看当前目录所有文件及文件及的大小。常用参数详解如下:

```
#用法: du [选项]... [文件]...
#或 du [选项]... --files0-from=F
#计算每个文件的磁盘用量,目录则取总用量
#长选项必须使用的参数对于短选项时也是必须使用的
-a, --all                 #输出所有文件的磁盘用量,不仅仅是目录
--apparent-size           #显示表面用量,而并非是磁盘用量;虽然表面用量通常会小一
                          #些,但有时会因为稀疏文件间的"洞"、内部碎片、非直接引
                          #用的块等原因而变大
-B, --block-size=大小      #使用指定字节数的块
-b, --bytes               #等于--apparent-size --block-size=1
-c, --total               #显示总计信息
-H                        #等于--dereference-args (-D)
-h, --human-readable      #以可读性较好的方式显示尺寸(例如:1KB、234MB、2GB)
    --si                  #类似于-h,但在计算时使用 1000 为基底而非 1024
-k                        #等于--block-size=1K
-l, --count-links         #如果是硬连接,则多次计算其尺寸
-m                        #等于--block-size=1M
-L, --dereference         #找出任何符号链接指示的真正目的地
-P, --no-dereference      #不跟随任何符号链接(默认)
-0, --null                #将每个空行视作 0 字节而非换行符
-S, --separate-dirs       #不包括子目录的占用量
-s, --summarize           #只分别计算命令列中每个参数所占的总用量
-x, --one-file-system     #跳过处于不同文件系统之上的目录
-X, --exclude-from=文件    #排除与指定文件中描述的模式相符的文件
-D, --dereference-args    #解除命令行中列出的符号链接
    --files0-from=F       #计算文件 F 中以 NUL 结尾的文件名对应占用的磁盘空间,如
                          #果 F 的值是"-",则从标准输入读入文件名
```

以上为 Linux 初学者必备命令，当然 Linux 命令还有很多，后续章节会随时学习新的命令。

4.24 fdisk 命令详解

fdisk 命令详解如下：

```
#用法如下
 fdisk [options] <disk>        #change partition table
 fdisk [options] -l <disk>     #list partition table(s)
 fdisk -s <partition>          #give partition size(s) in blocks
#常用选项如下
 -b <size>                #sector size (512, 1024, 2048 or 4096)
 -c                       #switch off DOS-compatible mode
 -h                       #print help
 -u <size>                #give sizes in sectors instead of cylinders
```

```
 -v                                    #打印版本
d                                      #删除分区
l                                      #列出分区类型
m                                      #帮助信息
n                                      #添加一个分区
o                                      #DOS partition table
p                                      #列出分区表
q                                      #不保存退出
t                                      #改变分区类型
w                                      #把分区表写入硬盘并退出
```

4.25 mount 命令详解

mount 命令详解如下：

```
mount [-Vh]
mount -a [-fFnrsvw] [-t vfstype]
mount [-fnrsvw] [-o options [,...]] device | dir
mount [-fnrsvw] [-t vfstype] [-o options] device dir
-V                    #显示 mount 工具版本号
-l                    #显示已加载的文件系统列表
-h                    #显示帮助信息并退出
-v                    #输出指令执行的详细信息
-n                    #加载没有写入文件/etc/mtab 中的文件系统
-r                    #将文件系统加载为只读模式
-a                    #加载文件/etc/fstab 中配置的所有文件系统
-o                    #指定 mount 挂载扩展参数,常见扩展指令有 rw、remount、loop 等,
                      #其中-o 相关指令如下
-o atime              #系统会在每次读取文档时更新文档时间
-o noatime            #系统会在每次读取文档时不更新文档时间
-o defaults           #使用预设的选项 rw,suid,dev,exec,auto,nouser 等
-o exec               #允许执行档被执行
-o user、-o nouser    #使用者可以执行 mount/umount 的动作
-o remount            #将已挂载的系统分区重新以其他模式再次挂载
-o ro                 #只读模式挂载
-o rw                 #可读可写模式挂载
-o loop               #使用 loop 模式,把文件当成设备挂载至系统目录
-t                    #指定 mount 挂载设备类型,常见类型有-3g、vfat、iso9660 等,其
                      #中-t 相关指令如下
iso9660               #光盘或光盘镜像
msdos                 #Fat16 文件系统
vfat                  #Fat32 文件系统
ntfs                  #NTFS 文件系统
```

```
ntfs-3g                    #识别移动硬盘格式
smbfs                      #挂载 Windows 文件网络共享
nfs                        #UNIX/Linux 文件网络共享
```

4.26　parted 命令详解

parted 命令详解如下：

```
帮助选项如下
-h, --help                                  #显示此求助信息
-l, --list                                  #列出所有设别的分区信息
-i, --interactive                           #在必要时，提示用户
-s, --script                                #从不提示用户
-v, --version                               #显示版本
操作命令如下
cp [FROM-DEVICE] FROM-MINOR TO-MINOR        #将文件系统复制到另一个分区
help [COMMAND]                              #打印通用求助信息，或关于 COMMAND 的信息
mklabel 标签类型                            #创建新的磁盘标签(分区表)
mkfs MINOR 文件系统类型             #在 MINOR 创建类型为"文件系统类型"的文件系统
mkpart 分区类型 [文件系统类型] 起始点 终止点 #创建一个分区
mkpartfs 分区类型 文件系统类型 起始点 终止点 #创建一个带有文件系统的分区
move MINOR 起始点 终止点                    #移动编号为 MINOR 的分区
name MINOR 名称                             #将编号为 MINOR 的分区命名为"名称"
print [MINOR]                               #打印分区表，或者分区
quit                                        #退出程序
rescue 起始点 终止点                        #挽救邻近"起始点"、"终止点"的遗失的分区
resize MINOR 起始点 终止点          #改变位于编号为 MINOR 的分区中文件系统的大小
rm MINOR                                    #删除编号为 MINOR 的分区
select 设备                                 #选择要编辑的设备
set MINOR 标志 状态                         #改变编号为 MINOR 的分区的标志
```

4.27　free 命令详解

free 命令详解如下：

```
free [参数]
-b                              #以 byte 为单位显示内存使用情况
-k                              #以 KB 为单位显示内存使用情况
-m                              #以 MB 为单位显示内存使用情况
-g                              #以 GB 为单位显示内存使用情况
-o                              #不显示缓冲区调节列
-s<间隔秒数>                    #持续观察内存使用状况
```

```
-t                                  #显示内存总和列
-V                                  #显示版本信息
```

4.28 diff 命令详解

diff 命令详解如下：

```
#用法：diff[参数][文件 1 或目录 1][文件 2 或目录 2]
#diff 命令能比较单个文件或者目录内容。如果指定比较的是文件,则只有当输入为文本文件时才
#有效。以逐行的方式,比较文本文件的异同处。如果指定比较的是目录,diff 命令会比较两个目
#录下名字相同的文本文件。列出不同的二进制文件、公共子目录和只在一个目录出现的文件

-a or --text                        #diff 预设只会逐行比较文本文件
-b or --ignore-space-change         #不检查空格字符的不同
-B or --ignore-blank-lines          #不检查空白行
-c                                  #显示全部内文,并标出不同之处
-C or --context                     #与执行"-c-"指令相同
-d or --minimal                     #使用不同的演算法,以较小的单位作比较
-D or ifdef                         #此参数的输出格式可用于前置处理器巨集
-e or --ed                          #此参数的输出格式可用于 ed 的 script 文件
-f or -forward-ed                   #输出的格式类似 ed 的 script 文件,但按照原来文件
                                    #的顺序显示不同之处
-H or --speed-large-files           #比较大文件时,可加快速度
-l or --ignore-matching-lines       #若两个文件在某几行有所不同,而这几行同时都包含了
                                    #选项中指定的字符或字符串,则不显示这两个文件的差异
-i or --ignore-case                 #不检查大小写的不同
-l or --paginate                    #将结果交由 pr 程序来分页
-n or --rcs                         #将比较结果以 RCS 的格式来显示
-N or --new-file                    #在比较目录时,若文件 A 仅出现在某个目录中,预设会
                                    #显示 Only in 目录。文件 A 若使用-N 参数,则 diff
                                    #会将文件 A 与一个空白的文件比较
-p                                  #若比较的文件为 C 语言的程序码文件,则显示差异所在
                                    #的函数名称
-P or --unidirectional-new-file#与-N 类似,但只有当第二个目录包含了一个第一个目录
                                    #所没有的文件时,才会将这个文件与空白的文件比较
-q or --brief                       #仅显示有无差异,不显示详细的信息
-r or --recursive                   #比较子目录中的文件
-s or --report-identical-files #若没有发现任何差异,仍然显示信息
-S or --starting-file               #在比较目录时,从指定的文件开始比较
-t or --expand-tabs                 #在输出时,将 tab 字符展开
-T or --initial-tab                 #在每行前面加上 tab 字符以便对齐
-u,-U or --unified=                 #以合并的方式来显示文件内容的不同
-v or --version                     #显示版本信息
```

```
-w or --ignore-all-space          #忽略全部的空格字符
-W or --width                     #在使用-y 参数时，指定栏宽
-x or --exclude                   #不比较选项中所指定的文件或目录
-X or --exclude-from              #可以将文件或目录类型保存成文本文件，然后在=中
                                  #指定此文本文件
-y or --side-by-side              #以并列的方式显示文件的异同之处
```

4.29 ping 命令详解

ping 命令详解如下：

```
#用法：ping [参数] [主机名或 IP 地址]
#常用选项如下
-d                #使用 Socket 的 SO_DEBUG 功能
-f                #极限检测。大量且快速地送网络封包给一台机器，看它的回应
-n                #只输出数值
-q                #不显示任何传送封包的信息，只显示最后的结果
-r                #忽略普通的 Routing Table，直接将数据包送到远端主机上。通常用于查看
                  #本机的网络接口是否有问题
-R                #记录路由过程
-v                #详细显示指令的执行过程
<p>-c 数目        #在发送指定数目的包后停止
-i 秒数           #设定间隔几秒送一个网络封包给一台机器，预设值是 1s 送一次
-I 网络界面       #使用指定的网络界面送出数据包
-l 前置载入       #设置在送出要求信息之前，先行发出的数据包
-p 范本样式       #设置填满数据包的范本样式
-s 字节数         #指定发送的数据字节数，预设值是 56，加上 8 字节的 ICMP 头，一共是 64 字节
-t 存活数值       #设置存活数值 TTL 的大小
```

4.30 ifconfig 命令详解

ifconfig 命令详解如下：

```
#用法：ifconfig [网络设备] [参数]
#常用选项如下
up                #启动指定网络设备/网卡
down              #关闭指定网络设备/网卡
arp               #设置指定网卡是否支持 ARP 协议
-promisc          #设置是否支持网卡的 promiscuous 模式，如果选择此参数，网卡将接收网络
                  #中发给它的所有数据包
-allmulti         #设置是否支持多播模式，如果选择此参数，网卡将接收网络中所有的多播数据包
-a                #显示全部接口信息
```

```
-s                      #显示摘要信息(类似于 netstat -i)
add                     #给指定网卡配置 IPv6 地址
del                     #删除指定网卡的 IPv6 地址
<硬件地址>              #配置网卡最大的传输单元
mtu<字节数>             #设置网卡的最大传输单元(bytes)
netmask<子网掩码>       #设置网卡的子网掩码。掩码可以是有前缀 0x 的 32 位十六进制数,也可
                        #以是用“.”分开的 4 个十进制数。如果不打算将网络分成子网,可以不
                        #管这一选项;如果要使用子网,那么请记住网络中每一个系统必须有
                        #相同的子网掩码
tunel                   #建立隧道
dstaddr                 #设定一个远端地址,建立点对点通信
-broadcast<地址>        #为指定网卡设置广播协议
-pointtopoint<地址>     #为网卡设置点对点通信协议
multicast               #为网卡设置组播标志
address                 #为网卡设置 IPv4 地址
txqueuelen<长度>        #为网卡设置传输列队的长度
```

4.31 wget 命令详解

wget 命令详解如下：

```
#用法: wget [参数] [URL 地址]
#启动参数如下
-V, -version                  #显示 wget 的版本后退出
-h, -help                     #打印语法帮助
-b, -background               #启动后转入后台执行
-e, -execute=COMMAND          #执行'.wgetrc'格式的命令,wgetrc 格式参见/etc
                              #/wgetrc 或~/.wgetrc

#记录和输入文件参数如下
-o, -output-file=FILE         #把记录写到 FILE 文件中
-a, -append-output=FILE       #把记录追加到 FILE 文件中
-d, -debug                    #打印调试输出
-q, -quiet                    #安静模式(没有输出)
-v, -verbose                  #冗长模式(默认设置)
-nv, -non-verbose             #关掉冗长模式,但不是安静模式
-i, -input-file=FILE          #下载在 FILE 文件中出现的 URLs
-F, -force-html               #把输入文件当作 HTML 格式文件对待
-B, -base=URL                 #将 URL 作为在-F -i 参数指定的文件中出现的相对链接的前缀
-sslcertfile=FILE             #可选客户端证书
-sslcertkey=KEYFILE           #可选客户端证书的 KEYFILE
-egd-file=FILE                #指定 EGD socket 的文件名
```

```
#下载参数如下
-bind-address=ADDRESS          #指定本地使用地址(主机名或 IP,当本地有多个 IP 或名
                               #字时使用)
-t, -tries=NUMBER              #设定最大尝试链接次数(0 表示无限制)
-O -output-document=FILE       #把文档写到 FILE 文件中
-nc, -no-clobber               #不要覆盖存在的文件或使用“.#”前缀
-c, -continue                  #接着下载没下载完的文件
-progress=TYPE                 #设定进程条标记
-N, -timestamping              #不要重新下载文件,除非比本地文件新
-S, -server-response           #打印服务器的回应
-spider                        #不下载任何东西
-T, -timeout=SECONDS           #设定响应超时的秒数
-w, -wait=SECONDS              #两次尝试之间间隔 SECONDS s
-waitretry=SECONDS             #在重新链接之间等待 1…SECONDS s
-random-wait                   #在下载之间等待 0…2×WAIT s
-Y, -proxy=on/off              #打开或关闭代理
-Q, -quota=NUMBER              #设置下载的容量限制
-limit-rate=RATE               #限定下载速率

#目录参数如下
-nd -no-directories            #不创建目录
-x, -force-directories         #强制创建目录
-nH, -no-host-directories      #不创建主机目录
-P, -directory-prefix=PREFIX   #将文件保存到目录 PREFIX/…
-cut-dirs=NUMBER               #忽略 NUMBER 层远程目录

#HTTP 选项参数如下
-http-user=USER                #设定 HTTP 用户名为 USER
-http-passwd=PASS              #设定 http 密码为 PASS
-C, -cache=on/off              #允许/不允许服务器端的数据缓存(一般情况下允许)
-E, -html-extension            #将所有 text/html 文档以.html 扩展名保存
-ignore-length                 #忽略'Content-Length'头域
-header=STRING                 #在 headers 中插入字符串 STRING
-proxy-user=USER               #设定代理的用户名为 USER
-proxy-passwd=PASS             #设定代理的密码为 PASS
-referrer=URL                  #在 HTTP 请求中包含'referrer: URL'头
-s, -save-headers              #保存 HTTP 头到文件
-U, -user-agent=AGENT          #设定代理的名称为 AGENT 而不是 Wget/VERSION
-no-http-keep-alive            #关闭 HTTP 活动链接(永远链接)
-cookies=off                   #不使用 cookies
-load-cookies=FILE             #在开始会话前从文件 FILE 中加载 cookie
```

```
-save-cookies=FILE              #在会话结束后将 cookies 保存到 FILE 文件中

#FTP 选项参数如下
-nr, -dont-remove-listing       #不移走 '.listing'文件
-g, -glob=on/off                #打开或关闭文件名的 globbing 机制
-passive-ftp                    #使用被动传输模式（默认值）
-active-ftp                     #使用主动传输模式
-retr-symlinks                  #在递归的时候,将链接指向文件(而不是目录)

#递归下载参数如下
-r, -recursive                  #递归下载——慎用
-l, -level=NUMBER               #最大递归深度 (inf 或 0 代表无穷)
-delete-after                   #完毕,局部删除文件
-k, -convert-links              #转换非相对链接为相对链接
-K, -backup-converted           #在转换文件 X 之前，将其备份为 X.orig
-m, -mirror                     #等价于 -r -N -l inf -nr
-p, -page-requisites            #下载显示 HTML 文件的所有图片

#递归下载中的包含和不包含（accept/reject）
-A, -accept=LIST                #分号分隔的被接受扩展名的列表
-R, -reject=LIST                #分号分隔的不被接受的扩展名的列表
-D, -domains=LIST               #分号分隔的被接受域的列表
-exclude-domains=LIST           #分号分隔的不被接受的域的列表
-follow-ftp                     #跟踪 HTML 文档中的 FTP 链接
-follow-tags=LIST               #分号分隔的被跟踪的 HTML 标签的列表
-G, -ignore-tags=LIST           #分号分隔的被忽略的 HTML 标签的列表
-H, -span-hosts                 #当递归时转到外部主机
-L, -relative                   #仅跟踪相对链接
-I, -include-directories=LIST   #允许目录的列表
-X, -exclude-directories=LIST   #不被包含目录的列表
-np, -no-parent                 #不要追溯到父目录
wget -S -spider url             #不下载只显示过程
### 范例如下
#【-P】下载文件到指定目录
wget  -P  /usr/src/  https://nginx.org/download/nginx-1.20.1.tar.gz
#【-O】下载文件到指定目录并改名字
wget -O /usr/src/nginx.tar.gz https://nginx.org/download/nginx-1.20.1.tar.gz
#【-b】在后台下载某文件,可以从 wget-log 日志看进度
[root@www-jfedu-net ~]# wget -b https://mirrors.aliyun.com/centos/7/isos/
x86_64/CentOS-7-x86_64-DVD-2009.iso
#继续在后台运行,pid 为 1677
#将把输出写入 "wget-log"
```

```
[root@www-jfedu-net ~]# tail wget-log
837100K .......... .......... .......... .......... .......... 18%  179K 6m17s
837150K .......... .......... .......... .......... .......... 18%  223M 6m17s
837200K .......... .......... .......... .......... .......... 18%  196K 6m18s
837250K .......... .......... .......... .......... .......... 18%  127M 6m18s
837300K .......... .......... .......... .......... .......... 18%  282M 6m18s
837350K .......... .......... .......... .......... .......... 18%  334M 6m18s
#【-i】下载多个文件,将要下载的文件地址放在某文件中
[root@www-jfedu-net ~]# cat urlllist
https://nginx.org/download/nginx-1.20.1.tar.gz
https://nginx.org/download/nginx-1.18.0.tar.gz
[root@www-jfedu-net ~]# wget -i urlllist
```

4.32　scp 命令详解

scp 命令详解如下：

```
#用法: scp [参数] [原路径] [目标路径]
-1                    #强制 scp 命令使用协议 ssh1
-2                    #强制 scp 命令使用协议 ssh2
-4                    #强制 scp 命令只使用 IPv4 寻址
-6                    #强制 scp 命令只使用 IPv6 寻址
-B                    #使用批处理模式(传输过程中不询问传输口令或短语)
-C                    #允许压缩。(将-C 标志传递给 ssh,从而打开压缩功能)
-p                    #保留原文件的修改时间、访问时间和访问权限
-q                    #不显示传输进度条
-r                    #递归复制整个目录
-v                    #详细方式显示输出。scp 和 ssh(1)会显示出整个过程的调试信息。这
                      #些信息用于调试连接,验证和配置问题
-c cipher             #以 cipher 将数据传输进行加密,这个选项将直接传递给 ssh
-F ssh_config         #指定一个替代的 ssh 配置文件,此参数直接传递给 ssh
-i identity_file      #从指定文件中读取传输时使用的密钥文件,此参数直接传递#给 ssh
-l limit              #限定用户所能使用的带宽,以 kbit/s 为单位
-o ssh_option         #使用 ssh_config 中的参数传递
-P port               #注意是大写的 P, port 是指定数据传输用到的端口号
-S program            #指定加密传输时所使用的程序。此程序必须能够理解 ssh(1)的选项
### 范例如下
#将本地的文件发送给本地的临时目录
[root@www.jfedu.net ~] # scp /etc/fstab  /tmp/
#将本地的文件发送给远程服务器的临时目录
```

```
[root@www.jfedu.net ~] # scp /etc/fstab  192.168.75.122:/tmp/
fstab                                          100%  501    21.2KB/s   00:00
#在 121 服务器把 122 服务器的文件发送给 123 服务器
[root@www.jfedu.net ~]# scp  192.168.75.122:/etc/fstab 192.168.75.123:/tmp/
```

4.33 rsync 命令详解

rsync 命令是一个远程数据同步工具，通过算法来使本地和远程两个主机之间的文件达到同步，这个算法只传送两个文件的不同部分，而不是每次都整份传送，因此速度相当快。

```
#语法如下
Usage: rsync [OPTION]... SRC [SRC]... DEST
  or   rsync [OPTION]... SRC [SRC]... [USER@]HOST:DEST
  or   rsync [OPTION]... SRC [SRC]... [USER@]HOST::DEST
  or   rsync [OPTION]... SRC [SRC]... rsync://[USER@]HOST[:PORT]/DEST
  or   rsync [OPTION]... [USER@]HOST:SRC [DEST]
  or   rsync [OPTION]... [USER@]HOST::SRC [DEST]
  or   rsync [OPTION]... rsync://[USER@]HOST[:PORT]/SRC [DEST]

#常用选项如下
-v, --verbose             #详细模式输出
-q, --quiet               #精简输出模式
-c, --checksum            #打开校验开关,强制对文件传输进行校验
-a, --archive             #归档模式,表示以递归方式传输文件,并保持所有文件属性,等于
                          #-rlptgoD
-r, --recursive           #对子目录以递归模式处理
-b, --backup              #创建备份,也就是对于已经存在的文件名进行备份
-l, --links               #保留软链接
-p, --perms               #保持文件权限
-o, --owner               #保持文件属主信息
-g, --group               #保持文件属组信息
-D, --devices             #保持设备文件信息
-t, --times               #保持文件时间信息
-e, --rsh=command         #指定使用 rsh、ssh 方式进行数据同步
--delete                  #删除那些 DST 中 SRC 没有的文件
-z, --compress            #对备份的文件在传输时进行压缩处理
### 范例如下
#将本地文件同步到本地临时目录
[root@www.jfedu.net ~] # rsync /etc/fstab  /tmp/
#【-a】递归同步,并且保留文件时间、权限等属性
[root@www.jfedu.net ~] # rsync -a  /etc/fstab  /tmp/
#【--delete】使目的目录文件与源目录文件保持一致
```

```
[root@www.jfedu.net ~] # rsync -av  --delete  /usr/local/bin/  /tmp/
#将本地文件同步到远程
[root@www.jfedu.net ~] # rsync -av /etc/fstab  192.168.75.122:/tmp/
#指定远程服务器端口同步，如果远程服务器修改了 ssh 的默认端口
rsync -av -e 'ssh -p 2222' /etc/fstab  192.168.75.122:/tmp/
```

4.34　vi/vim 编辑器实战

vi 是一个命令行界面下的文本编辑工具，最早在 1976 年由 Bill Joy 开发，当时名为 ex。vi 支持绝大多数操作系统（最早在 BSD 上发布），且功能强大。

1991 年，Bram Moolenaar 基于 vi 进行改进，发布了 vim，加入了对 GUI 的支持。

随着 vim 更新发展，vim 已经不是普通意义上的文本编辑器，广泛用于文本编辑、文本处理、代码开发等。Linux 中主流的文本编辑器包括 vi、vim、Sublime、Emacs、Light Table、Eclipse、Gedit 等。

vim 强大的编辑能力很大一部分来自于其普通模式命令。vim 的设计理念是命令的组合。常用命令如下。

（1）5dd：5 表示总共 5 行，删除光标所在后的 5 行，包含光标行。

（2）d$：$"代表行尾，删除到行尾的内容，包含光标。

（3）2yy：表示复制光标及后 2 行，包括光标行。

（4）%d：%代表全部或者全局，%d 表示删除文本所有的内容，即清空文档所有的内容。

vim 是一个主流开源的编辑器，默认执行 vim 命令。图 4-4 为 vim 与键盘键位功能对应关系。

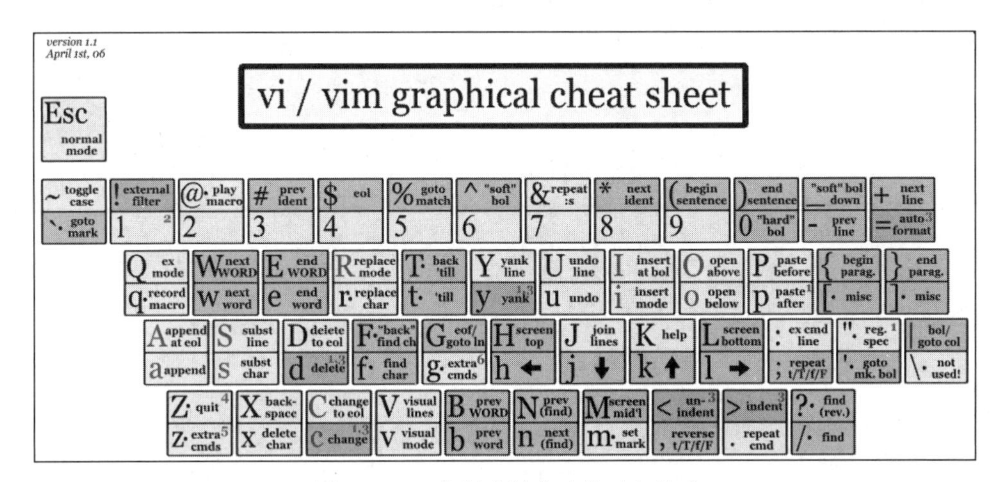

图 4-4　vim 与键盘键位功能对应关系

4.35 vim 编辑器模式

vim 编辑器模式常用有 3 种，分别是：

（1）命令行模式；

（2）文本输入模式；

（3）末行模式。

vim 是 vi 的升级版本，它是安装在 Linux 操作系统中的一个软件。

在 Linux Shell 终端下默认执行 vim 命令，按 Enter 键后：

（1）默认进入命令行模式；

（2）在命令行模式下按 I 键进入文本输入模式；

（3）按 Esc 键进入命令行模式；

（4）按“Shift+;”组合键进入末行模式。

4.36 vim 编辑器必备

vim 编辑器最强大的功能，就在于内部命令及规则使用。以下为 vim 编辑器最常用的语法及规则：

```
#命令行模式：可以删除、复制、粘贴、撤销,可以切换到输入模式,输入模式跳转至命令行模式：
#按 Esc 键
yy                          #复制光标所在行
nyy                         #复制 n 行
3yy                         #复制 3 行
p,P                         #粘贴
yw                          #复制光标所在的词组,不复制标点符号
3yw                         #复制 3 个词组
u                           #撤销上一次
U                           #撤销当前所有
dd                          #删除整行
ndd                         #删除 n 行
x                           #删除一个字符
u                           #逐行撤销
dw                          #删除一个词组
a                           #从光标所在字符后一个位置开始录入
A                           #从光标所在行的行尾开始录入
```

```
i                            #从光标所在字符前一个位置开始录入
I                            #从光标所在行的行首开始录入
o                            #跳至光标所在行的下一行行首开始录入
O                            #跳至光标所在行的上一行行首开始录入
R                            #从光标所在位置开始替换
#末行模式主要功能包括查找、替换、末行保存、退出等
:w                           #保存
:q                           #退出
:s/x/y                       #替换 1 行
:wq                          #保存退出
1,5s/x/y                     #替换 1、5 行
:wq!                         #强制保存退出
1,$sx/y                      #从第一行到最后一行
:q!                          #强制退出
:x                           #保存
/word                        #从前往后找,正向搜索
?word                        #从后往前找,反向搜索
:s/old/new/g                 #将 old 替换为 new,前提是光标一定要移到那一行
:s/old/new                   #将这一行中第一次出现的 old 替换为 new,只替换第一个
:1,$s/old/new/g              #第一行到最后一行中的 old 替换为 new
:1,2,3s/old/new/g            #第一行第二行第三行中的 old 改为 new
vim +2 jfedu.txt             #打开 jfedu.txt 文件,并将光标定位在第二行
vim +/string jfedu.txt       #打开 jfedu.txt 文件,并搜索关键词
```

4.37 本章小结

通过对本章内容的学习，读者对 Linux 操作系统引导应有进一步的理解，能够快速解决 Linux 启动过程中的故障。同时学习了 CentOS 6 与 CentOS 7 系统的区别，应理解 TCP/IP 协议及 IP 地址相关基础内容。

应学会 Linux 初学必备的 16 个 Linux 命令，能使用命令熟练地操作 Linux 系统。通过对 vim 编辑器的深入学习，应能够熟练编辑、修改系统中任意的文本及配置文件。对 Linux 系统的认识及操作应有更进一步的认识。

4.38 同步作业

1．修改密码的命令默认为 passwd，需要按 Enter 键两次，如何通过一条命令快速修改密码？

2．企业服务器，某天发现系统访问很慢，需要查看系统内核日志，请写出查看系统内核日志的命令。

3．如何在 Linux 系统/tmp/目录快速创建 1000 个目录，目录名为 jfedu1，jfedu2，…，jfedu*N*，以此类推，不断增加。

4．Httpd.conf 配置文件中存在很多以“#”开头的行，请使用 vim 相关指令删除以“#”开头的行。

第 5 章　Linux 用户及权限管理

Linux 是一个多用户的操作系统。引入用户，更加方便管理 Linux 服务器。系统默认需要以一个用户的身份登入，在系统上启动进程也需要以一个用户的身份去运行，用户可以限制某些进程对特定资源的权限控制。

本章将介绍 Linux 系统如何管理创建、删除、修改用户角色，用户权限配置，组权限配置及特殊权限深入剖析。

5.1　Linux 用户及组

Linux 操作系统对多用户的管理非常烦琐，用组的概念来管理用户就变得简单，每个用户可以在一个独立的组，每个组也可以有零个或多个用户。

Linux 系统根据用户 ID 来识别用户，默认 ID 编号从 0 开始，但是为了和老式系统兼容，用户 ID 限制在 60000 以下。Linux 用户可分为 4 种，分别如下。

（1）root 用户：ID 0。

（2）预分配用户：ID 1～200。

（3）系统用户：ID 201～999。

（4）普通用户：ID 1000 以上。

Linux 系统中的每个文件或文件夹都有一个所属用户及所属组，使用 id 命令可以显示当前用户的信息，使用 passwd 命令可以修改当前用户密码。Linux 操作系统用户的特点如下。

（1）每个用户拥有一个 UserID，操作系统实际读取的是 UID，而非用户名。

（2）每个用户属于一个主组，属于一个或多个附属组，一个用户最多有 31 个附属组。

（3）每个组拥有一个 GroupID。

（4）每个进程以一个用户身份运行，该用户对进程拥有资源控制权限。

（5）每个可登录用户拥有一个指定的 Shell 环境。

5.2 Linux 用户管理

Linux 用户在操作系统可以进行日常管理和维护，涉及的相关配置文件如下：

（1）/etc/passwd　　　　　　#保存用户信息

（2）/etc/shdaow　　　　　　#保存用户密码（以加密形式保存）

（3）/etc/group　　　　　　#保存组信息

（4）/etc/login.defs　　　　　#用户属性限制，密码过期时间，密码最大长度等限制

（5）/etc/default/useradd　　　#显示或更改默认的 useradd 配置文件

如需创建新用户，可以使用命令 useradd，执行命令 useradd　jfedu1 即可创建 jfedu1 用户，同时会创建一个同名的组 jfedu1，默认该用户属于 jfedu1 主组。

useradd jfedu1 命令默认创建用户 jfedu1，会根据以下步骤进行操作。

（1）读取/etc/default/useradd，根据配置文件执行创建操作。

（2）在/etc/passwd 文件中添加用户信息。

（3）如使用 passwd 命令创建密码，密码会被加密保存在/etc/shdaow 中。

（4）为 jfedu1 创建家目录：/home/jfedu1。

（5）将/etc/skel 中的.bash 开头的文件复制至/home/jfedu1 家目录。

（6）创建与用户名相同的 jfedu1 组，jfedu1 用户默认属于 jfeud1 同名组。

（7）jfedu1 组信息保存在/etc/group 配置文件中。

在使用 useradd 命令创建用户时，可以支持以下参数：

```
#用法：useradd [选项] 登录
useradd -D
useradd -D [选项]
#选项
-b, --base-dir BASE_DIR              #指定新账户的家目录
-c, --comment COMMENT                #新账户的 GECOS 字段
-d, --home-dir HOME_DIR              #新账户的主目录
-D, --defaults                       #显示或更改默认的 useradd 配置
-e, --expiredate EXPIRE_DATE         #新账户的过期日期
```

```
-f, --inactive INACTIVE              #新账户的密码不活动期
-g, --gid GROUP                      #新账户主组的名称或 ID
-G, --groups GROUPS                  #新账户的附加组列表
-h, --help                           #显示此帮助信息并退出
-k, --skel SKEL_DIR                  #使用此目录作为骨架目录
-K, --key KEY=VALUE                  #不使用 /etc/login.defs 中的默认值
-l, --no-log-init                    #不要将此用户添加到最近登录和登录失败的数据库
-m, --create-home                    #创建用户的主目录
-M, --no-create-home                 #不创建用户的主目录
-N, --no-user-group                  #不创建同名的组
-o, --non-unique                     #允许使用重复的 UID 创建用户
-p, --password  PASSWORD             #加密后的新账户密码
-r, --system                         #创建一个系统账户
-R, --root CHROOT_DIR                #chroot 到的目录
-s, --shell SHELL                    #新账户登录 shell
-u, --uid UID                        #新账户的用户 ID
-U, --user-group                     #创建与用户同名的组
-Z, --selinux-user SEUSER            #为 SELinux 用户映射使用指定 SEUSER
```

useradd 案例演示如下。

（1）新建 jfedu 用户，并加入 jfedu1、jfedu2 附属组：

```
useradd -G jfedu1,jfedu2 jfedu
```

（2）新建 jfedu3 用户，并指定新的家目录，同时指定其登录的 Shell：

```
useradd jfedu3 -d  /tmp/  -s  /bin/bash
```

（3）新建系统用户，不允许登录系统：

```
useradd  -r  -s /sbin/nologin  jfedu4
```

（4）新建 jfedu5 用户，并指定用户家目录的根目录：

```
[root@www-jfedu-net ~]#  useradd -b /data  jfedu5
[root@www-jfedu-net ~]#  su - jfedu5
[jfedu5@www-jfedu-net ~]$ pwd
/data/jfedu5
```

（5）新建 jfedu6 用户，并且指定 UID：

```
[root@www-jfedu-net ~]#  useradd -u 2000  jfedu6
```

5.3　Linux 组管理

所有的 Linux 或 Windows 系统都有组的概念，通过组可以更加方便地管理用户。组的概念

应用于各行业，例如，企业会使用部门、职能或地理区域的分类方式来管理成员，映射在 Linux 系统，同样可以创建用户，并用组的概念对其管理。

Linux 组有以下特点。

（1）每个组有一个组 ID。

（2）组信息保存在/etc/group 中。

（3）每个用户至少拥有一个主组，同时还可以拥有 31 个附属组。

通过命令 groupadd、groupdel、groupmod 对组进行管理，详细参数如下：

```
#groupadd 用法
-f, --force                          #如果组已经存在则退出
                                     #如果 GID 已经存在则取消 -g
-g, --gid GID                        #为新组使用 GID
-h, --help                           #显示此帮助信息并退出
-K, --key KEY=VALUE                  #不使用 /etc/login.defs 中的默认值
-o, --non-unique                     #允许创建有重复 GID 的组
-p, --password PASSWORD              #为新组使用此加密过的密码
-r, --system                         #创建一个系统账户
#groupmod 用法
-g, --gid GID                        #将组 ID 改为 GID
-h, --help                           #显示此帮助信息并退出
-n, --new-name NEW_GROUP             #改名为 NEW_GROUP
-o, --non-unique                     #允许使用重复的 GID
-p, --password PASSWORD              #将密码更改为(加密过的) PASSWORD
#groupdel 用法
groupdel jfedu                       #删除 jfedu 组
```

groupadd 案例演示如下。

（1）groupadd 创建 jingfeng 组：

```
groupadd jingfeng
```

（2）groupadd 创建 jingfeng 组，并指定 GID 为 1000：

```
groupadd -g 1000 jingfeng
```

（3）groupadd 创建一个 system 组，名为 jingfeng 组：

```
groupadd  -r  jingfeng
```

Groupmod 案例演示如下。

（1）groupmod 修改组名称，将 jingfeng 组名改成 jingfeng1：

```
groupmod -n jingfeng1 jingfeng
```

（2）groupmod 修改组 GID 号，将原 jingfeng1 组 gid 改成 gid 1000：

```
groupmod -g 1000 jingfeng1
```

5.4 Linux 用户及组案例

useradd 命令主要用于新建用户，而用户新建完毕，可以使用 usermod 来修改用户及组的属性，如下为 usermod 详细参数：

```
#用法：usermod [选项] 登录
#选项
-c, --comment 注释                      #GECOS 字段的新值
-d, --home HOME_DIR                     #用户的新主目录
-e, --expiredate EXPIRE_DATE            #设定账户过期的日期为 EXPIRE_DATE
-f, --inactive INACTIVE                 #过期 INACTIVE 天数后，设定密码为失效状态
-g, --gid GROUP                         #强制使用 GROUP 为新主组
-G, --groups GROUPS                     #新的附加组列表 GROUPS
-a, --append GROUP                      #将用户追加至上边 -G 中提到的附加组中
                                        #并不从其他组中删除此用户
-h, --help                              #显示此帮助信息并退出
-l, --login LOGIN                       #新的登录名称
-L, --lock                              #锁定用户账号
-m, --move-home                         #将家目录内容移至新位置 (仅与-d 一起使用)
-o, --non-unique                        #允许使用重复的（非唯一的）UID
-p, --password PASSWORD                 #将加密过的密码 (PASSWORD)设为新密码
-R, --root CHROOT_DIR                   #chroot 到的目录
-s, --shell SHELL                       #该用户账号的新登录 Shell 环境
-u, --uid UID                           #用户账号的新 UID
-U, --unlock                            #解锁用户账号
-Z, --selinux-user  SEUSER              #用户账户的新 SELinux 用户映射
```

usermod 案例演示如下。

（1）将 jfedu 用户属组修改为 jfedu1，jfedu2 附属组：

```
usermod -G jfedu1,jfedu2 jfedu
```

（2）将 jfedu 用户加入 jfedu3，jfedu4 附属组，-a 为添加新组，原组保留：

```
usermod  -a  -G  jfedu3,jfedu4  jfedu
```

（3）修改 jfedu 用户，并指定新的家目录，同时指定其登录的 Shell：

```
usermod -d  /tmp/  -s  /bin/sh jfedu
```

（4）将 jfedu 用户名修改为 jfedu1：

```
usermod -l jfedu1 jfedu
```

（5）锁定 jfedu1 用户及解锁 jfedu1 用户方法如下：

```
usermod -L  jfedu1
usermod  -U  jfedu1
```

userdel 案例演示如下。

使用 userdel 命令可以删除指定用户及该用户的邮箱目录或 SELinux 映射环境。

```
userdel   jfedu1          #保留用户的家目录
userdel -r jfedu1         #删除用户及用户的家目录,用户如果已登录系统则无法删除
userdel -rf jfedu1        #不论是否已登录系统,强制删除用户及该用户的家目录
```

5.5 Linux 权限管理

Linux 权限是操作系统用来限制资源访问权限的机制，权限一般分为读、写和执行。系统中每个文件都对应特定的权限、所属用户及所属组，通过这样的机制来限制哪些用户或用户组可以对特定文件进行相应的操作。

Linux 每个进程都以某个用户身份运行，进程的权限与该用户的权限一样，用户的权限越大，则进程拥有的权限就越大。

Linux 中有的文件及文件夹都有至少 3 种权限，常见的权限如表 5-1 所示。

表 5-1 Linux 文件及文件夹权限

权 限	对文件的影响	对目录的影响
r（读取）	可读取文件内容	可列出目录内容
w（写入）	可修改文件内容	可在目录中创建、删除内容
x（执行）*	可作为命令执行	可访问目录内容
*目录必须拥有x权限，否则无法查看其内容		

Linux 权限默认授予 3 种角色，分别是 user、group 和 other。Linux 权限与用户之间的关联如下。

（1）U 代表 User，G 代表 Group，O 代表 Other。

（2）每个文件的权限基于 UGO 进行设置。

（3）权限三位一组（rwx），同时需授权给 3 种角色，即 U、G、O。

（4）每个文件拥有一个所属用户和所属组，对应 UGO，不属于该文件所属用户或所属组则

用 O 表示。

在 Linux 系统中，可以通过 ls -l 命令查看 jfedu.net 目录的详细属性，如图 5-1 所示。

```
drwxrwxr-x  2   jfedu1 jfedu1   4096   Dec 10 01:36       jfedu.net
```

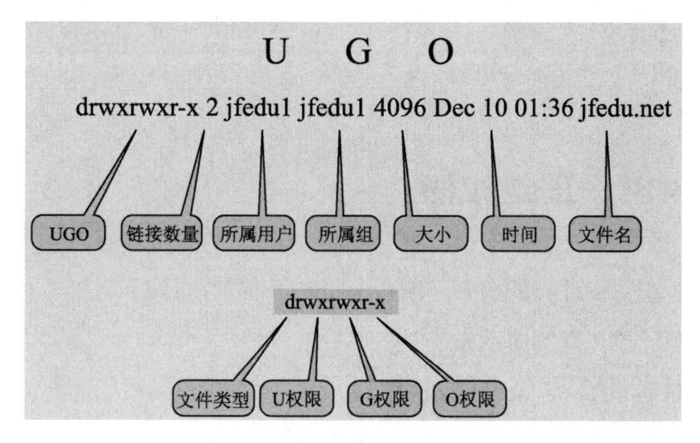

图 5-1 Linux jfedu.net 目录详细属性

jfedu.net 目录属性参数详解如下。

（1）d 表示目录，同一位置如果为-则表示普通文件。

（2）rwxrwxr-x 表示 3 种角色的权限，每 3 位为一种角色，依次为 U、G、O 权限，如上则表示 user 的权限为 rwx，group 的权限为 rwx，other 的权限为 r-x。

（3）2 表示文件夹的链接数量，可理解为该目录下子目录的数量。

（4）从左到右，第一个 jfedu1 表示该用户名，第二个 jfedu1 则为组名，其他人角色默认不显示。

（5）4096 表示该文件夹占据的字节数。

（6）Dec 10 01:36 表示文件创建或者修改的时间。

（7）Jfedu.net 为目录的名，或者文件名。

5.6 Chown 属主及属组

修改某个用户、组对文件夹的属主及属组，用命令 chown 实现。案例演示如下。

（1）修改 jfedu.net 文件夹所属的用户为 root，其中-R 参数表示递归处理所有的文件及子目录：

```
chown -R root jfedu.net
```

（2）修改 jfedu.net 文件夹所属的组为 root：

```
chown  -R  :root  jfedu.net 或者 chgrp  -R  root  jfedu.net
```

（3）修改 jfedu.net 文件夹所属的用户为 root，组也为 root：

```
chown  -R  root:root  jfedu.net
#或者
chown  -R  root.  jfedu.net
```

5.7 Chmod 用户及组权限

修改某个用户、组对文件夹的权限，用命令 chmod 实现，其中以 ugo，+、–、=代表加入、删除和等于对应权限，具体案例演示如下。

（1）授予用户对 jfedu.net 目录拥有 rwx 权限：

```
chmod  -R  u+rwx  jfedu.net
```

（2）授予组对 jfedu.net 目录拥有 rwx 权限：

```
chmod  -R  g+rwx  jfedu.net
```

（3）授予用户、组、其他人对 jfedu.net 目录拥有 rwx 权限：

```
chmod  -R  u+rwx,g+rwx,o+rwx  jfedu.net
```

（4）撤销用户对 jfedu.net 目录拥有 w 权限：

```
chmod  -R  u-w  jfedu.net
```

（5）撤销用户、组、其他人对 jfedu.net 目录拥有 x 权限：

```
chmod  -R  u-x,g-x,o-x  jfedu.net
```

（6）授予用户、组、其他人对 jfedu.net 目录只有 rx 权限：

```
chmod  -R  u=rx,g=rx,o=rx  jfedu.net
```

5.8 Chmod 二进制权限

Linux 权限默认使用 rwx 来表示，为了更简化在系统中对权限进行配置和修改，Linux 权限引入二进制表示方法，代码如下：

```
#Linux 权限可以将 rwx 用二进制来表示,其中有权限用 1 表示,没有权限用 0 表示
#Linux 权限用二进制显示如下
```

```
rwx=111
r-x=101
rw-=110
r--=100
#以此类推,转化为十进制,对应的十进制结果显示如下
rwx=111=4+2+1=7
r-x=101=4+0+1=5
rw-=110=4+4+0=6
r--=100=4+0+0=4
#可得出结论,用 r=4,w=2,x=1 来表示权限
```

使用二进制方式来修改权限案例演示如下，其中默认 jfedu.net 目录权限为 755。

（1）授予用户对 jfedu.net 目录拥有 rwx 权限：

```
chmod -R 755 jfedu.net
```

（2）授予组对 jfedu.net 目录拥有 rwx 权限：

```
chmod -R 775 jfedu.net
```

（3）授予用户、组、其他人对 jfedu.net 目录拥有 rwx 权限：

```
chmod -R 777 jfedu.net
```

（4）撤销用户对 jfedu.net 目录拥有 w 权限：

```
chmod -R 555 jfedu.net
```

（5）撤销用户、组、其他人对 jfedu.net 目录拥有 x 权限：

```
chmod -R 644 jfedu.net
```

（6）授予用户、组、其他人对 jfedu.net 目录只有 rx 权限：

```
chmod -R 555 jfedu.net
```

5.9　Linux 特殊权限及掩码

Linux 除常见的 rwx 权限外，还有很多特殊的权限。细心的读者会发现，为什么 Linux 目录默认权限为 755，而文件默认权限为 644 呢？这是 Linux 权限掩码 umask 导致。

每个 Linux 终端都拥有一个 umask 属性，umask 属性可以用来确定新建文件、目录的默认权限，默认系统权限掩码为 022。在系统中每创建一个文件或目录，文件默认权限为 666，而目录权限则为 777，权限对外开放较大，所以设置了权限掩码之后，默认的文件和目录权限减去 umask 值才是真实的文件和目录的权限。

（1）对应目录权限为 777-022=755。

（2）对应文件权限为 666-022=644。

（3）执行 umask 命令可以查看当前默认的掩码，umask –S 023 可以设置默认的权限掩码。

在 Linux 权限中，除了普通权限外，还有表 5-2 所示的 3 种特殊权限。

表 5-2　Linux 3 种特殊权限

权　　限	对文件的影响	对目录的影响
suid	以文件的所属用户而非执行文件的用户身份执行	无
sgid	以文件所属组身份执行	在该目录中创建任意新文件的所属组与该目录的所属组相同
sticky	无	对目录拥有写入权限的用户仅可以删除其拥有的文件，无法删除其他用户所拥有的文件

Linux 中设置特殊权限的方法如下。

（1）设置 suid：chmod u+s jfedu.net。

（2）设置 sgid：chmod g+s jfedu.net。

（3）设置 sticky：chmod o+t jfedu.net。

特殊权限与设置普通权限一样，可以使用数字方式表示。

（1）SUID=4。

（2）SGID=2。

（3）Sticky=1。

可以通过 chmod 4755 jfedu.net 对该目录授予特殊权限为 s 的权限，如图 5-2 所示。Linux 系统中 s 权限的应用通常包括 su、passwd 和 sudo。

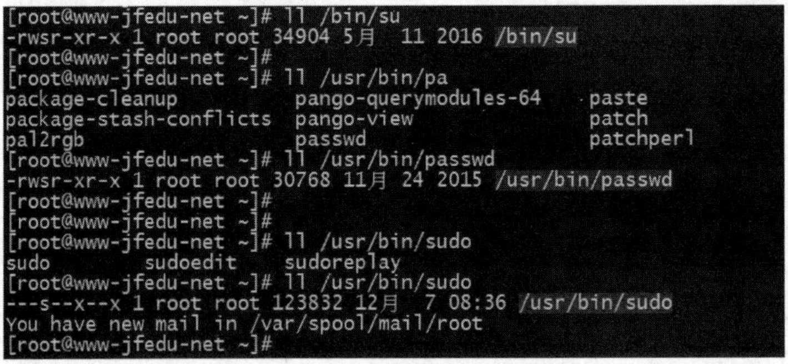

```
[root@www-jfedu-net ~]# ll /bin/su
-rwsr-xr-x 1 root root 34904 5月  11 2016 /bin/su
[root@www-jfedu-net ~]#
[root@www-jfedu-net ~]# ll /usr/bin/pa
package-cleanup          pango-querymodules-64    paste
package-stash-conflicts  pango-view               patch
pal2rgb                  passwd                   patchperl
[root@www-jfedu-net ~]# ll /usr/bin/passwd
-rwsr-xr-x 1 root root 30768 11月 24 2015 /usr/bin/passwd
[root@www-jfedu-net ~]#
[root@www-jfedu-net ~]#
[root@www-jfedu-net ~]# ll /usr/bin/sudo
sudo        sudoedit    sudoreplay
[root@www-jfedu-net ~]# ll /usr/bin/sudo
---s--x--x 1 root root 123832 12月  7 08:36 /usr/bin/sudo
You have new mail in /var/spool/mail/root
[root@www-jfedu-net ~]#
```

图 5-2　Linux 特殊权限 s 应用

范例如下：

```
### 范例：
#【u+s】设置使文件在执行阶段具有文件所有者的权限
#创建普通用户
[root@www-jfedu-net ~]# useradd  jfedu
#设置登录密码
[root@www-jfedu-net ~]# echo "1" | passwd --stdin jfedu
#更改用户 jfedu 的密码
passwd：所有的身份验证令牌已经成功更新
#切换到普通用户
[root@www-jfedu-net ~]# su - jfedu
#用普通用户身份执行 netstat 命令，可以发现，普通用户读不到进程的 pid 信息
[jfedu@www-jfedu-net ~]$ netstat -nltp
(No info could be read for "-p": geteuid()=1000 but you should be root.)
Active Internet connections (only servers)
Proto Recv-Q Send-Q Local Address    Foreign Address State    PID/Program name
tcp        0      0 127.0.0.1:25          0.0.0.0:*           LISTEN      -
tcp        0      0 0.0.0.0:22            0.0.0.0:*           LISTEN      -
tcp6       0      0 ::1:25               :::*                LISTEN      -
tcp6       0      0 :::22                :::*                LISTEN      -
#切换到管理身份，对 netstat 命令添加 suid 权限
[root@www-jfedu-net ~]# chmod u+s /usr/bin/netstat
#再次切换到普通用户，执行 netstat 命令，可以发现正常读取到进程 pid 信息
[root@www-jfedu-net ~]# su - jfedu
#上一次登录：二 9月  7 10:00:12 CST 2021pts/0 上
[jfedu@www-jfedu-net ~]$ netstat -nltp
Active Internet connections (only servers)
Proto Recv-Q Send-Q Local Address Foreign Address  State    PID/Program name
tcp      0        0 127.0.0.1:25     0.0.0.0:*     LISTEN     919/master
tcp      0        0 0.0.0.0:22       0.0.0.0:*    LISTEN     835/sshd
tcp6     0        0 ::1:25           :::*         LISTEN     919/master
tcp6     0        0 :::22            :::*         LISTEN     835/sshd
#【g+s】任何用户在此目录下创建的文件都具有和该目录所属的组相同的组
[root@www-jfedu-net ~]# chmod g+s /data
[root@www-jfedu-net ~]# chmod o+w /data
[jfedu@www-jfedu-net ~]$ touch /data/jfedu
#jfedu 文件的属组是 data 目录的属组一致
[jfedu@www-jfedu-net ~]$ ll /data/jfedu
-rw-rw-r-- 1 jfedu root 0 9月   7 10:14 /data/jfedu
```

5.10 本章小结

通过对本章内容的学习，读者可以了解 Linux 用户和组的系统知识，以及账号 Linux 用户和组在系统中的各种案例操作。应熟练掌握新建用户、删除用户、修改用户属性、添加组、修改组以及删除组。

5.11 同步作业

1. 某互联网公司职能及员工信息如表 5-3 所示，请在 Linux 系统中创建相关员工，并把员工加入部门中。

表 5-3　Linux用户和组管理

部　　门	职　　能
讲师部(teacher)	jfwu，jfcai
市场部(market)	jfxin，jfqi
管理部(manage)	jfedu，jfteach
运维部(operater)	jfhao，jfyang

2. 批量创建 1～100 个用户，用户名以 jfedu 开头，后面紧跟 1,2,3,…，例如 jfedu1，jfedu2，jfedu3，…。

3. 使用 useradd 创建用户并通过–p 参数指定密码，设定完密码需通过系统正常验证并登录。

4. 小王公司服务器使用 Root，用户通过 SecureCRT 远程登录后发现登录终端变成 bash–4.1#，如图 5-3 所示，是什么原因导致出现该情况？如何修复为正常的登录 Shell 环境？请写出答案。

```
bash-4.1# ls
1.tgz                         epel-release-6-8.noarch.rpm   list_python.
apache-maven-3.3.9-bin.tar.gz httpd                         mod_bw
apache-tomcat-7.0.73.tar.gz   index.html?tid=13             mod_bw-0.7.t
auto_lamp_v2.sh               ipvsadm-1.24.tar.gz           nginx-1.6.2
auto_nginx                    jdk-8u131-linux-x64.tar.gz    nginx-1.6.2.
csy.log                       jfedu                         nginx_instal
edu                           keepalived-1.1.15.tar.gz      package2.xml
edusoho                       keepalived-1.2.1.tar.gz       package.xml
edusoho-7.5.5.tar.gz          list.php                      PDO_MYSQL-1.
elasticsearch-analysis-ik     list.php?tid=13               PDO_MYSQL-1.
bash-4.1#
```

图 5-3　SecureCRT 登录 Linux 系统界面

第 6 章　Linux 软件包企业实战

通过前几章的学习，读者应掌握了 Linux 系统基本命令、用户及权限等知识。Linux 整个体系的关键不在于系统本身，而是在于可以基于 Linux 系统去安装和配置企业中相关的软件、数据及应用程序，所以对软件的维护是运维的重中之重。

本章将介绍 Linux 系统软件的安装、卸载、配置、维护及构建企业本地 yum 光盘源及 HTTP 本地源的方法。

6.1　RPM 软件包管理

Linux 软件包管理大致可分为二进制包和源码包，使用的工具也各不相同。Linux 常见软件包可分为源代码包（Source Code）、二进制包（Binary Code）两种。源代码包是没有经过编译的包，需要经过 GCC、C++编译器环境编译才能运行；二进制包无须编译，可以直接安装使用。

通常可以通过后缀简单区别源码包和二进制包，例如，以.tar.gz、.zip、.rar 结尾的包通常称为源码包，以.rpm 结尾的软件包称为二进制包。区分是源码还是二进制包，还要根据代码中的文件来判断，例如，包含.h、.c、.cpp、.cc 等结尾的源码文件称为源码包，而代码中存在 bin 可执行文件的源码文件则称为二进制包。

CentOS 操作系统中有一款默认软件管理的工具，即红帽包管理工具（Red Hat Package Manager，RPM）。

使用 RPM 工具可以对软件包实现快速安装、管理及维护。RPM 管理工具适用的操作系统包括 CentOS、RedHat、Fedora、SUSE 等，常用于管理.rpm 后缀结尾的软件包。

（1）RPM 的优点如下。

① 软件已经编译打包，所以传输和安装方便，让用户免除编译。

② 在安装之前，会先检查系统的磁盘、操作系统版本等，避免错误安装。

③ 在安装好之后，软件的信息都已经记录在 Linux 主机的数据库上，方便查询、升级和卸载。

（2）RPM 的缺点如下。

① 软件包安装的环境必须与打包时的环境一致。

② 必须安装了软件的依赖软件。

RPM 软件包命令规则详解如下：

```
#RPM 包命名格式为
name-version.rpm
name-version-noarch.rpm
name-version-arch.src.rpm
#软件包格式如下
epel-release-6-8.noarch.rpm
perl-Pod-Plainer-1.03-1.el6.noarch.rpm
yasm-1.2.0-4.el7.x86_64.rpm
#RPM 包格式解析如下
name          #软件名称,例如 yasm、perl-pod-Plainer
version       #版本号,1.2.0 通用格式为"主版本号.次版本号.修正号";4 表示发布版本号,即
              #该 RPM 包是第几次编译生成的
arch          #适用的硬件平台,RPM 支持的平台有 i386、i586、i686、x86_64、sparc、alpha 等
.rpm          #后缀包表示编译好的二进制包,可用 rpm 命令直接安装
.src.rpm      #源代码包,源码编译生成.rpm 格式的 RPM 包方可使用
el*           #软件包发行版本,el6 表示该软件包适用于 RHEL 6.x/CentOS 6.x
devel:        #开发包
noarch:       #软件包可以在任何平台上安装
```

RPM 工具命令详解如下：

```
#用法: RPM 选项 PACKAGE_NAME
-a, --all                        #查询所有已安装软件包
-q,--query                       #表示询问用户,输出信息
-l, --list                       #打印软件包的列表
-f, --file                       #查询包含 file 的软件包
-i, --info                       #显示软件包信息,包括名称、版本、描述
-v, --verbose                    #打印输出详细信息
-U, --upgrade                    #升级 RPM 软件包
-h,--hash                        #软件安装,可以打印安装进度条
--last                           #列出软件包时,以安装时间排序,最新的在上面
-e, --erase                      #卸载 RPM 软件包
--force                          #表示强制安装或者卸载
```

```
--nodeps                          #RPM 包不依赖
-l, --list                        #列出软件包中的文件
--provides                        #列出软件包提供的特性
-R, --requires                    #列出软件包依赖的其他软件包
--scripts                         #列出软件包自定义的小程序
```

RPM 企业案例演示如下：

```
rpm  -q          httpd   nginx          #检查 httpd、nginx 包是否安装
rpm  -qa|grep        httpd              #检查 httpd 相关的软件包是否安装
rpm  -ql     httpd                      #查看 httpd 安装的路径
rpm  -qi     httpd                      #查看 httpd 安装的版本信息
rpm  -qc     httpd                      #查看 httpd 安装的配置文件路径
rpm  -qd     httpd                      #查看 httpd 安装的文档路径（帮助文档）
rpm -qf  /usr/bin/netstat               #根据现有的文件方向查找对应的数据包
rpm  -e              httpd              #卸载 httpd 软件，如果有依赖，可能会失败
rpm  -e  --nodeps    httpd              #忽略依赖，强制卸载 httpd
rpm  -ivh            httpd-2.4.10-el7.x86_64.rpm      #安装 httpd 软件包
rpm  -Uvh            httpd-2.4.10-el7.x86_64.rpm      #升级 httpd 软件
rpm  -ivh  --nodeps    httpd-2.4.10-el7.x86_64.rpm    #不依赖其他软件包
```

6.2　tar 软件包管理

Linux 操作系统除使用 RPM 管理工具对软件包管理外，还可以通过 tar、zip、jar 等工具进行源码包管理。

6.2.1　tar 命令参数详解

tar 命令参数详解如下：

```
-A, --catenate, --concatenate    #将存档与已有的存档合并
-c, --create                     #建立新的存档
-d, --diff, --compare            #比较存档与当前文件的不同之处
--delete                         #从存档中删除
-r, --append                     #附加到存档结尾
-t, --list                       #列出存档中文件的目录
-u, --update                     #仅将较新的文件附加到存档中
-x, --extract, --get             #解压文件
-j, --bzip2, --bunzip2           #有 bz2 属性的软件包
-z, --gzip, --ungzip             #有 gz 属性的软件包
-b, --block-size N               #指定块大小为 N×512 字节（默认 N=20)
-B, --read-full-blocks           #读取时重组块
-C, --directory DIR              #指定新的目录
```

```
--checkpoint                        #读取存档时显示目录名
-f, --file [HOSTNAME:]F             #指定存档或设备,后接文件名称
--force-local                       #即使存在克隆,强制使用本地存档
-G, --incremental                   #建立老 GNU 格式的备份
-g, --listed-incremental            #建立新 GNU 格式的备份
-h, --dereference                   #不转储动态链接,转储动态链接指向的文件
-i, --ignore-zeros                  #忽略存档中的 0 字节块(通常意味着文件结束)
--ignore-failed-read                #在不可读文件中作 0 标记后再退出
-k, --keep-old-files                #保存现有文件;从存档中展开时不进行覆盖
-K, --starting-file F               #从存档文件 F 开始
-l, --one-file-system               #在本地文件系统中创建存档
-L, --tape-length N                 #在写入 N×1024 字节后暂停,等待更换磁盘
-m, --modification-time             #当从一个档案中恢复文件时,不使用新的时间标签
-M, --multi-volume                  #建立多卷存档,以便在几个磁盘中存放
-O, --to-stdout                     #将文件展开到标准输出
-P, --absolute-paths                #不要从文件名中去除 '/'
-v, --verbose                       #详细显示处理的文件
--version                           #显示 tar 程序的版本号
--exclude                           #不包含指定文件
-X, --exclude-from FILE             #从指定文件中读入不想包含的文件的列表
```

6.2.2 tar 企业案例演示

tar 企业案例演示如下：

```
tar    -cvf    jfedu.tar.gz        jfedu    #打包 jfedu 文件或目录,打包后名称
                                            #为 jfedu.tar.gz
tar    -tf     jfedu.tar.gz                 #查看 jfedu.tar.gz 文件中的内容
tar    -rf     jfedu.tar.gz    jfedu.txt    #将 jfedu.txt 文件追加到 jfedu.
                                            #tar.gz 中
tar    -xvf    jfedu.tar.gz                 #解压 jfedu.tar.gz 文件
tar    -czvf   jfedu.tar.gz    jfedu        #使用 gzip 格式打包并压缩 jfedu 目录
tar    -cjvf   jfedu.tar.bz2   jfedu        #使用bzip2 格式打包并压缩 jfedu 目录
tar -czf    jfedu.tar.gz * -X    list.txt   #使用 gzip 格式打包并压缩当前目录所
                                            #有文件,排除 list.txt 中记录的文件
tar -czf    jfedu.tar.gz    *  --exclude=zabbix-3.2.4.tar.gz --exclude=
nginx-1.16.0.tar.gz      #使用 gzip 格式打包并压缩当前目录所有文件及目录,排除
                         #zabbix-3.2.4.tar.gz 和 nginx-1.16.0.tar.gz 软件包
```

6.2.3 tar 实现 Linux 系统备份

tar 命令工具除用于日常打包、解压源码包或压缩包外，最大的亮点是还可以用于 Linux 操作系统文件及目录的备份。tar –g 命令可以用于基于 GNU 格式的增量备份，备份原理是基于检

查目录或文件的 atime、mtime、ctime 属性是否被修改。文件及目录时间属性详解如下。

（1）access time，atime：文件被访问的时间。

（2）modified time，mtime：文件内容被改变的时间。

（3）change time，ctime：文件写入、权限更改的时间。

总结：更改文件内容时 mtime 和 ctime 都会改变，但 ctime 可以在 mtime 未发生变化时被更改，例如修改文件权限，文件 mtime 时间不变，而 ctime 时间改变。tar 增量备份案例演示步骤如下。

（1）/root 目录创建 jingfeng 文件夹，同时在 jingfeng 文件夹中新建 jf1.txt，jf2.txt 文件，如图 6-1 所示。

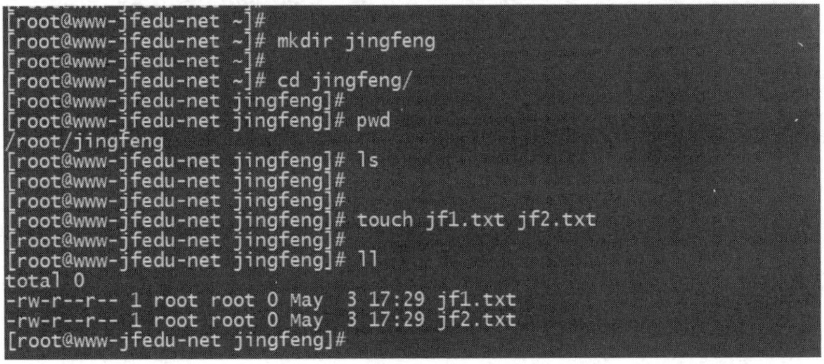

```
[root@www-jfedu-net ~]#
[root@www-jfedu-net ~]# mkdir jingfeng
[root@www-jfedu-net ~]#
[root@www-jfedu-net ~]# cd jingfeng/
[root@www-jfedu-net jingfeng]#
[root@www-jfedu-net jingfeng]# pwd
/root/jingfeng
[root@www-jfedu-net jingfeng]# ls
[root@www-jfedu-net jingfeng]#
[root@www-jfedu-net jingfeng]#
[root@www-jfedu-net jingfeng]# touch jf1.txt jf2.txt
[root@www-jfedu-net jingfeng]#
[root@www-jfedu-net jingfeng]# ll
total 0
-rw-r--r-- 1 root root 0 May  3 17:29 jf1.txt
-rw-r--r-- 1 root root 0 May  3 17:29 jf2.txt
[root@www-jfedu-net jingfeng]#
```

图 6-1　创建 jingfeng 目录及文件

（2）使用 tar 命令第一次完整备份 jingfeng 文件夹中的内容，-g 命令指定快照 snapshot 文件，第一次没有该文件则会自动创建，命令如下，如图 6-2 所示。

```
cd /root/jingfeng/
tar  -g  /data/backup/snapshot  -czvf  /data/backup/2021jingfeng.tar.gz
```

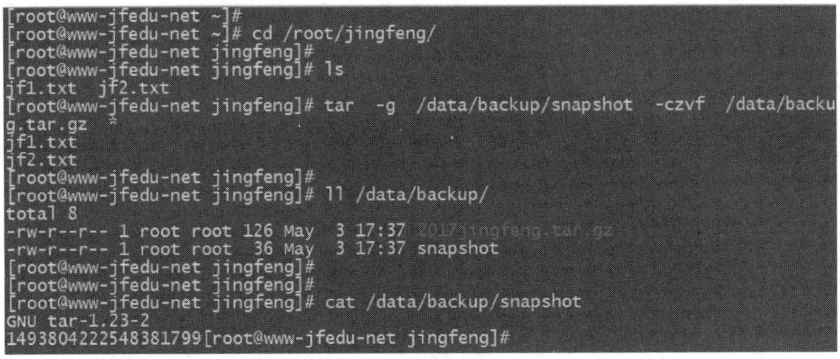

```
[root@www-jfedu-net ~]#
[root@www-jfedu-net ~]# cd /root/jingfeng/
[root@www-jfedu-net jingfeng]#
[root@www-jfedu-net jingfeng]# ls
jf1.txt  jf2.txt
[root@www-jfedu-net jingfeng]# tar  -g  /data/backup/snapshot  -czvf  /data/backu
g.tar.gz
jf1.txt
jf2.txt
[root@www-jfedu-net jingfeng]#
[root@www-jfedu-net jingfeng]# ll /data/backup/
total 8
-rw-r--r-- 1 root root 126 May  3 17:37 2017jingfeng.tar.gz
-rw-r--r-- 1 root root  36 May  3 17:37 snapshot
[root@www-jfedu-net jingfeng]#
[root@www-jfedu-net jingfeng]#
[root@www-jfedu-net jingfeng]# cat /data/backup/snapshot
GNU tar-1.23-2
1493804222548381799[root@www-jfedu-net jingfeng]#
```

图 6-2　tar 命令备份 jingfeng 目录中的文件

（3）使用 tar 命令第一次完整备份 jingfeng 文件夹中的内容之后，会生成快照文件/data/backup/snapshot，后期增量备份会以 snapshot 文件为参考，在 jingfeng 文件夹中再创建 jf3.txt jf4.txt 文件，然后通过 tar 命令增量备份 jingfeng 目录所有内容，如图 6-3 所示，命令如下：

```
cd  /root/jingfeng/
touch jf3.txt jf4.txt
tar -g /data/backup/snapshot -czvf /data/backup/2021jingfeng_add1.tar.gz *
```

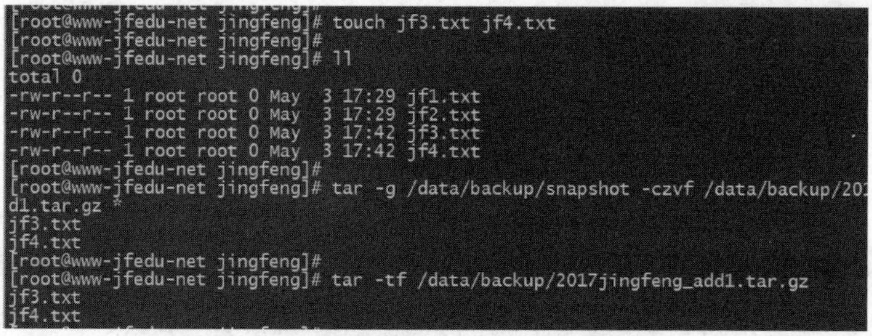

```
[root@www-jfedu-net jingfeng]# touch jf3.txt jf4.txt
[root@www-jfedu-net jingfeng]#
[root@www-jfedu-net jingfeng]# ll
total 0
-rw-r--r-- 1 root root 0 May  3 17:29 jf1.txt
-rw-r--r-- 1 root root 0 May  3 17:29 jf2.txt
-rw-r--r-- 1 root root 0 May  3 17:42 jf3.txt
-rw-r--r-- 1 root root 0 May  3 17:42 jf4.txt
[root@www-jfedu-net jingfeng]#
[root@www-jfedu-net jingfeng]# tar -g /data/backup/snapshot -czvf /data/backup/20
d1.tar.gz *
jf3.txt
jf4.txt
[root@www-jfedu-net jingfeng]#
[root@www-jfedu-net jingfeng]# tar -tf /data/backup/2017jingfeng_add1.tar.gz
jf3.txt
jf4.txt
```

图 6-3　tar 命令增量备份 jingfeng 目录中的文件

如图 6-3 所示，增量备份时，需通过-g 命令指定第一次完整备份的快照 snapshot 文件，同时增量打包的文件名不能与第一次备份后的文件名重复，通过 tar －tf 命令可以查看打包后的文件内容。

6.2.4　Shell+tar 实现增量备份

企业中日常备份的数据包括/boot、/etc、/root、/data 目录等，备份的策略参考：每周一到周六执行增量备份，每周日执行全备份。同时在企业中备份操作系统数据均使用 Shell 脚本完成，此处 auto_backup_system.sh 脚本供参考，后续章节会系统讲解 Shell 脚本。脚本内容如下：

```
#!/bin/bash
#Automatic Backup Linux System Files
#By Author www.jfedu.net
#Define Variables
SOURCE_DIR=(
    $*
)
TARGET_DIR=/data/backup/
YEAR='date +%Y'
MONTH='date +%m'
DAY='date +%d'
```

```
WEEK='date +%u'
FILES=system_backup.tgz
CODE=$?
if
   [ -z $SOURCE_DIR ];then
   echo -e "Please Enter a File or Directory You Need to Backup:\n
--------------------------------------------\nExample $0 /boot /etc ......"
   exit
fi
#Determine Whether the Target Directory Exists
if
   [ ! -d $TARGET_DIR/$YEAR/$MONTH/$DAY ];then
   mkdir -p $TARGET_DIR/$YEAR/$MONTH/$DAY
   echo "This $TARGET_DIR Created Successfully !"
fi
#EXEC Full_Backup Function Command
Full_Backup()
{
if
   [ "$WEEK" -eq "7" ];then
   rm -rf $TARGET_DIR/snapshot
   cd $TARGET_DIR/$YEAR/$MONTH/$DAY ;tar -g $TARGET_DIR/snapshot -czvf
$FILES 'echo ${SOURCE_DIR[@]}'
   [ "$CODE" == "0" ]&&echo -e "----------------------------------------
------\nFull_Backup System Files Backup Successfully !"
fi
}
#Perform incremental BACKUP Function Command
Add_Backup()
{
  cd $TARGET_DIR/$YEAR/$MONTH/$DAY ;
if
   [ -f $TARGET_DIR/$YEAR/$MONTH/$DAY/$FILES ];then
   read -p "$FILES Already Exists, overwrite confirmation yes or no ? : "
SURE
   if [ $SURE == "no" -o $SURE == "n" ];then
   sleep 1 ;exit 0
   fi
#Add_Backup Files System
   if
       [ $WEEK -ne "7" ];then
       cd $TARGET_DIR/$YEAR/$MONTH/$DAY ;tar -g $TARGET_DIR/snapshot -czvf
$$_$FILES 'echo ${SOURCE_DIR[@]}'
```

```
        [ "$CODE" == "0" ]&&echo -e  "-----------------------------------------
-----\nAdd_Backup System Files Backup Successfully !"
   fi
else
   if
      [ $WEEK -ne "7" ];then
      cd $TARGET_DIR/$YEAR/$MONTH/$DAY ;tar -g $TARGET_DIR/snapshot -czvf
$FILES 'echo ${SOURCE_DIR[@]}'
      [ "$CODE" == "0" ]&&echo -e  "-----------------------------------------
-----\nAdd_Backup System Files Backup Successfully !"
   fi
fi
}
Full_Backup;Add_Backup
```

6.3 zip 软件包管理

zip 也是计算机文件的压缩的算法，原名 Deflate（真空），发明者为菲利普·卡兹（Phil Katz），他于 1989 年 1 月公布了该格式的资料。zip 文件通常使用扩展名".zip"。

主流的压缩格式包括 tar、rar、zip、war、gzip、bz2、ISO 等。从性能上比较，tar、war、rar 格式较 zip 格式压缩率较高，但压缩时间远远高于 zip，zip 命令行工具可以实现对 zip 属性的包进行管理，也可以将文件及文件夹打包成.zip 格式。zip 工具打包常见参数详解如下：

```
-f                      #freshen：只更改文件
-u                      #update：只更改或更新文件
-d                      #从压缩文件删除文件
-m                      #其中的条目移动到 zipfile(删除 OS 文件)
-r                      #递归到目录
-j                      #junk(不记录)目录名
-l                      #将 LF 转换为 CR LF(-ll CR LF 至 LF)
-1                      #压缩更快
-q                      #安静操作,不输出执行的过程
-v                      #verbose 操作/打印版本信息
-c                      #添加一行注释
-z                      #添加 zipfile 注释
-o                      #读取名称使 zip 文件与最新条目一样旧
-x                      #不包括以下名称
-F                      #修复 zipfile(-FF 尝试更难)
-D                      #不要添加目录条目
-T                      #测试 zip 文件完整性
```

```
-X                    #eXclude eXtra 文件属性
-e                    #加密 - 不要压缩这些后缀
-h2                   #显示更多帮助
```

zip 企业案例演示如下。

（1）利用 zip 工具打包 jingfeng 文件夹中所有内容，如图 6-4 所示，命令如下：

```
zip  -rv  jingfeng.zip /root/jingfeng/
```

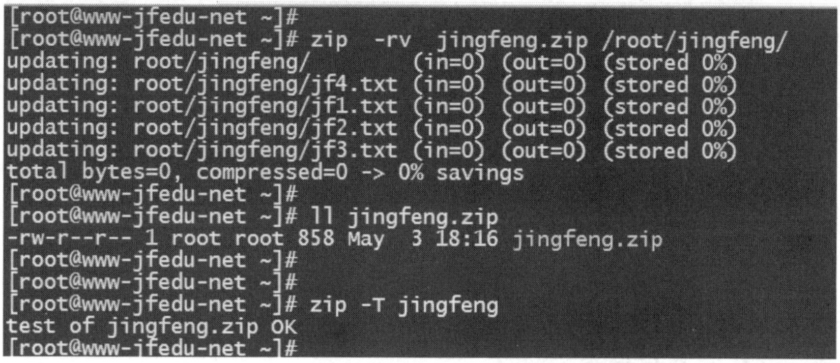

```
[root@www-jfedu-net ~]#
[root@www-jfedu-net ~]# zip  -rv  jingfeng.zip /root/jingfeng/
updating: root/jingfeng/        (in=0) (out=0) (stored 0%)
updating: root/jingfeng/jf4.txt (in=0) (out=0) (stored 0%)
updating: root/jingfeng/jf1.txt (in=0) (out=0) (stored 0%)
updating: root/jingfeng/jf2.txt (in=0) (out=0) (stored 0%)
updating: root/jingfeng/jf3.txt (in=0) (out=0) (stored 0%)
total bytes=0, compressed=0 -> 0% savings
[root@www-jfedu-net ~]#
[root@www-jfedu-net ~]# ll jingfeng.zip
-rw-r--r-- 1 root root 858 May  3 18:16 jingfeng.zip
[root@www-jfedu-net ~]#
[root@www-jfedu-net ~]#
[root@www-jfedu-net ~]# zip -T jingfeng
test of jingfeng.zip OK
[root@www-jfedu-net ~]#
```

图 6-4　利用 zip 工具打包备份 jingfeng 目录

（2）通过 zip 工具打包 jingfeng 文件夹中所有内容并排除部分文件，如图 6-5 所示，命令如下：

```
zip  -rv  jingfeng.zip  *  -x  jf1.txt
zip  -rv  jingfeng.zip  *  -x  jf2.txt -x jf3.txt
```

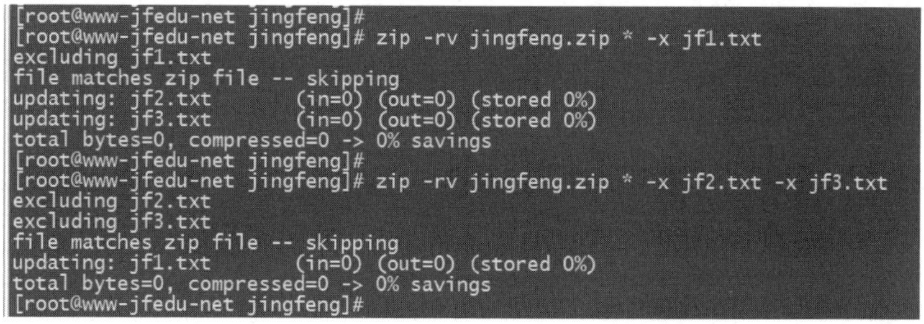

```
[root@www-jfedu-net jingfeng]#
[root@www-jfedu-net jingfeng]# zip -rv jingfeng.zip * -x jf1.txt
excluding jf1.txt
file matches zip file -- skipping
updating: jf2.txt       (in=0) (out=0) (stored 0%)
updating: jf3.txt       (in=0) (out=0) (stored 0%)
total bytes=0, compressed=0 -> 0% savings
[root@www-jfedu-net jingfeng]#
[root@www-jfedu-net jingfeng]# zip -rv jingfeng.zip * -x jf2.txt -x jf3.txt
excluding jf2.txt
excluding jf3.txt
file matches zip file -- skipping
updating: jf1.txt       (in=0) (out=0) (stored 0%)
total bytes=0, compressed=0 -> 0% savings
[root@www-jfedu-net jingfeng]#
```

图 6-5　利用 zip 工具打包备份 jingfeng 目录并排除部分文件

（3）通过 zip 工具删除 jingfeng.zip 中 jf3.txt 文件，命令如下，结果如图 6-6 所示。

```
zip jingfeng.zip -d jf3.txt
```

（4）通过 unzip 工具解压 jingfeng.zip 文件夹中所有内容，命令如下，结果如图 6-6 所示。

```
unzip  jingfeng.zip
unzip  jingfeng.zip  -d  /data/backup/  #-d 可以指定解压后的目录
```

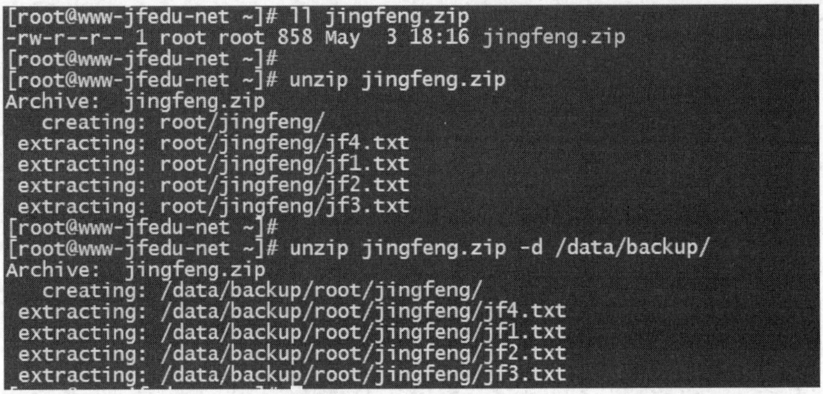

```
[root@www-jfedu-net ~]# ll jingfeng.zip
-rw-r--r-- 1 root root 858 May  3 18:16 jingfeng.zip
[root@www-jfedu-net ~]#
[root@www-jfedu-net ~]# unzip jingfeng.zip
Archive:  jingfeng.zip
   creating: root/jingfeng/
 extracting: root/jingfeng/jf4.txt
 extracting: root/jingfeng/jf1.txt
 extracting: root/jingfeng/jf2.txt
 extracting: root/jingfeng/jf3.txt
[root@www-jfedu-net ~]#
[root@www-jfedu-net ~]# unzip jingfeng.zip -d /data/backup/
Archive:  jingfeng.zip
   creating: /data/backup/root/jingfeng/
 extracting: /data/backup/root/jingfeng/jf4.txt
 extracting: /data/backup/root/jingfeng/jf1.txt
 extracting: /data/backup/root/jingfeng/jf2.txt
 extracting: /data/backup/root/jingfeng/jf3.txt
```

图 6-6　利用 unzip 工具解压 jingfeng 目录

6.4　源码包软件安装

通常使用 RPM 工具管理.rpm 结尾的二进制包，而标准的以.zip、.tar 结尾的源代码包则不能使用 RPM 工具安装、卸载及升级。源码包安装有以下步骤：

```
./configure      #预编译,主要用于检测系统基准环境库是否满足,生成 Makefile 文件
make             #编译,基于第一步生成的 Makefile 文件进行源代码的编译
make install     #安装,编译完毕之后将相关的可运行文件安装至系统中
#使用 make 编译时,Linux 操作系统必须有 GCC 编译器用于编译源码
```

源码包安装通常需要./configure、make、make install 3 个步骤，某些特殊源码可以只有 3 步中的一个或两个步骤。

以 CentOS 7 Linux 系统为基准，在其上安装 Nginx 源码包。企业中源码安装的详细步骤如下。

（1）Nginx.org 官网下载 nginx-1.20.1.tar.gz 文件：

```
wget http://nginx.org/download/nginx-1.20.1.tar.gz
```

（2）Nginx 源码包解压：

```
tar  -xvf nginx-1.20.1.tar.gz
```

（3）源码 Configure 预编译，需进入解压后的目录执行./configure 指令：

```
cd nginx-1.20.1
#预编译主要用于检查系统环境是否满足安装软件包的条件,并生成 Makefile 文件,该文件为编
#译、安装、升级 Nginx 指明了相应参数
```

```
./configure                    #--help 可以查看预编译参数
--prefix                       #指定 Nginx 编译安装的目录
--user=***                     #指定 Nginx 的属主
--group=***                    #指定 Nginx 的属主与属组
--with-***                     #指定编译某模块
--without-**                   #指定不编译某模块
--add-module                   #编译第三方模块
#安装依赖
[root@www-jfedu-net nginx-1.20.1]# yum  install zlib-devel pcre-devel -y
#开始预编译
[root@www-jfedu-net nginx-1.20.1]# ./configure  --prefix=/usr/local/nginx
```

（4）make 编译：

```
#上一步预编译成功后,会产生 Makefile 文件和 objs 目录,查看
#Makefile 内容如下
[root@www-jfedu-net nginx-1.20.1]# cat Makefile
default:    build
clean:
    rm -rf Makefile objs
build:
    $(MAKE) -f objs/Makefile
install:
    $(MAKE) -f objs/Makefile install
modules:
    $(MAKE) -f objs/Makefile modules
upgrade:
        /usr/local/nginx/sbin/nginx -t
    kill -USR2 'cat /usr/local/nginx/logs/nginx.pid'
    sleep 1
    test -f /usr/local/nginx/logs/nginx.pid.oldbin
    kill -QUIT 'cat /usr/local/nginx/logs/nginx.pid.oldbin'
#可以根据 Makefile 的参数执行以下命令
make clean              #重新预编译时,通常执行这条命令删除上次的编译文件
make build              #编译,默认参数,可省略 build 参数
make install            #安装
make modules            #编译模块
make  upgrade           #在线升级(不停服务升级)
#开始编译并安装
make  && make install
```

通过以上几个步骤，源码包软件安装成功。源码包在编译及安装时，可能会遇到各种错误，需要解决错误之后再进行下一步安装。后续章节会重点针对企业使用的软件进行案例演练。

6.5 yum 软件包管理

yum（Yellow Updater Modified，前端软件包管理器）适用于 CentOS、Fedora、RedHat 及 SUSE 中的 Shell 命令行，主要用于管理 RPM 包。与 RPM 工具使用范围类似，yum 工具能够从指定的服务器自动下载 RPM 包并且安装，还可以自动处理依赖性关系。

使用 RPM 工具管理和安装软件时，会发现 RPM 包有依赖，需要逐个手动下载安装，而 yum 工具的最大便利就是可以自动安装所有依赖的软件包，从而提升效率，节省时间。

6.5.1 yum 的工作原理

学习 yum，一定要理解 yum 的工作原理。yum 正常运行需要依赖两部分，一是 yum 源端，二是 yum 客户端，即用户使用端。

yum 客户端安装的所有 RPM 包都来自 yum 服务端，yum 源端通过 HTTP 或 FTP 服务器发布。而 yum 客户端能够从 yum 源端下载依赖的 RPM 包是由于在 yum 源端生成了 RPM 包的基准信息，包括 RPM 包版本号、配置文件、二进制信息、依赖关系等。

yum 客户端需要安装软件或者搜索软件，查找/etc/yum.repos.d 下以.repo 结尾的文件，CentOS Linux 默认的.repo 文件名为 CentOS-Base.repo，该文件中配置了 yum 源端的镜像地址，所以每次安装、升级 RPM 包，yum 客户端均会查找.repo 文件。

yum 客户端如果配置了 CentOS 官方 repo 源，客户端操作系统必须联网才能下载软件并安装。如果没有网络，也可以构建光盘源或内部 yum 源。在只有 yum 客户端时，yum 客户端安装软件，默认会把 yum 源地址、Header 信息、软件包、数据库信息、缓存文件存储在/var/cache/yum，每次使用 yum 工具，yum 优先通过 Cache 查找相关软件包，如 Cache 中不存在，则将访问外网 yum 源。

6.5.2 配置 yum 源（仓库）

配置方法如下：

```
#配置本地镜像仓库
[root@www-jfedu-net ~]# mount /dev/cdrom /mnt
mount: /dev/sr0                         #写保护,将以只读方式挂载
#在仓库目录下创建本地仓库文件,内容如下
[root@www-jfedu-net ~]# cat  /etc/yum.repos.d/local.repo
[local]
```

```
name=centos-$releasever-local
baseurl=file:///mnt
gpgcheck=1
gpgkey=file:///mnt/RPM-GPG-KEY-CentOS-$releasever
#查看仓库情况
[root@www-jfedu-net ~]# yum repolist | grep local
local                    centos-7-local                          4,071
##配置 CentOS 的 base 仓库,以下两个仓库任意配置一个即可,因为仓库 ID 不能冲突,配置多
#个也只有一个生效
#安装 163 的 yum 源
wget -O /etc/yum.repos.d/CentOS7-Base-163.repo http://mirrors.163.com/.
help/CentOS7-Base-163.repo
#安装阿里云的 yum 源
wget -O /etc/yum.repos.d/CentOS-Base.repo http://mirrors.aliyun.com/repo/
Centos-7.repo
##配置 epel 扩展仓库
#CentOS 7
wget -O /etc/yum.repos.d/epel.repo http://mirrors.aliyun.com/repo/epel-7.
repo
#CentOS 8
yum install -y https://mirrors.aliyun.com/epel/epel-release-latest-8.
noarch.rpm
sed -i 's|^#baseurl=https://download.fedoraproject.org/pub|baseurl=https:
//mirrors.aliyun.com|' /etc/yum.repos.d/epel*
sed -i 's|^metalink|#metalink|' /etc/yum.repos.d/epel*
```

6.5.3　yum 企业案例演练

由于 yum 工具使用简便、快捷、高效，在企业中得到广泛使用，得到众多 IT 运维、程序人员的青睐。要熟练使用 yum 工具，首先要掌握 yum 命令行参数的使用。以下为 yum 命令工具的参数详解及实战步骤：

```
#yum 命令工具指南,yum 格式为
yum [command] [package] -y|-q    #其中的[options]是可选。-y 安装或者卸载出现 YES
                                 #时,自动确认 YES;-q 不显示安装过程
yum install httpd                #安装 httpd 软件包
yum search                       #yum 搜索软件包
yum list   httpd                 #显示指定程序包安装情况 httpd
yum list                         #显示所有已安装及可安装的软件包
yum remove  httpd                #删除程序包 httpd
yum erase   httpd                #删除程序包 httpd
yum update                       #内核升级或者软件更新
```

```
yum update  httpd                              #更新 httpd 软件
yum check-update                               #检查可更新的程序
yum info    httpd                              #显示安装包信息 httpd
yum provides                                   #列出软件包提供哪些文件
yum provides "*/rz"                            #列出 rz 命令由哪个软件包提供
yum grouplist                                  #查询可以用 groupinstall 安装的组名称
yum groupinstall "Chinese Support"             #安装中文支持
yum groupremove "Chinese Support"              #删除程序组 Chinese Support
yum deplist httpd                              #查看程序 httpd 依赖情况
yum clean   packages                           #清除缓存目录下的软件包
yum clean   headers                            #清除缓存目录下的 headers
yum clean   all                                #清除缓存目录下的软件包及旧的 headers
```

（1）基于 CentOS 7 Linux，执行命令 yum install httpd –y，安装 httpd 服务，如图 6-7 所示。

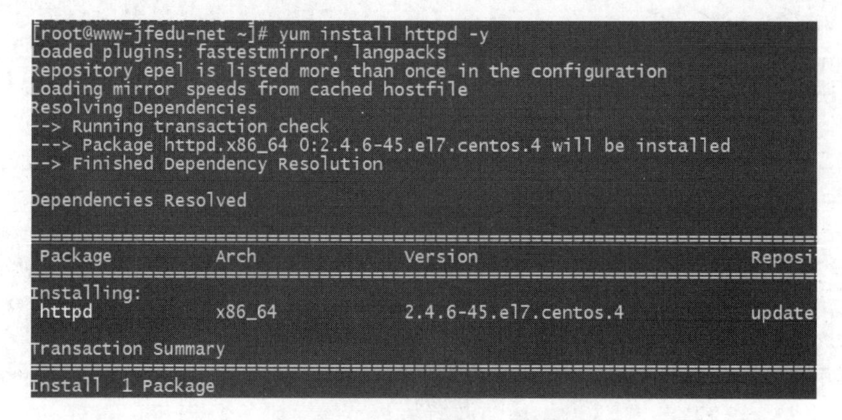

图 6-7　yum 安装 httpd 软件

（2）执行命令 yum grouplist，检查 groupinstall 的软件组名，如图 6-8 所示。

```
[root@www-jfedu-net ~]# yum grouplist|more
Loaded plugins: fastestmirror, langpacks
Repository epel is listed more than once in the configuration
There is no installed groups file.
Maybe run: yum groups mark convert (see man yum)
Loading mirror speeds from cached hostfile
Available Environment Groups:
   Minimal Install
   Compute Node
   Infrastructure Server
   File and Print Server
   MATE Desktop
   Basic Web Server
   Virtualization Host
   Server with GUI
   GNOME Desktop
   KDE Plasma Workspaces
   Development and Creative Workstation
```

图 6-8　yum grouplist 显示组安装名称

（3）执行命令 yum groupinstall "GNOME Desktop" -y，安装 Linux 图像界面，如图 6-9 所示。

```
[root@www-jfedu-net ~]# yum groupinstall "GNOME Desktop" -y
Loaded plugins: fastestmirror, langpacks
Repository epel is listed more than once in the configuration
There is no installed groups file.
Maybe run: yum groups mark convert (see man yum)
Loading mirror speeds from cached hostfile
Resolving Dependencies
--> Running transaction check
---> Package ModemManager.x86_64 0:1.6.0-2.el7 will be installed
--> Processing Dependency: libqmi-utils for package: ModemManager-1.6.0-2.
--> Processing Dependency: libmbim-utils for package: ModemManager-1.6.0-2
--> Processing Dependency: libqmi-glib.so.5()(64bit) for package: ModemMan
_64
--> Processing Dependency: libmbim-glib.so.4()(64bit) for package: ModemMa
6_64
---> Package NetworkManager-adsl.x86_64 1:1.4.0-19.el7_3 will be installed
```

图 6-9　GNOME Desktop 图像界面安装

（4）执行命令 yum install httpd php php-devel php-mysql mariadb mariadb-server -y，安装中小企业 LAMP 架构环境，如图 6-10 所示。

```
[root@www-jfedu-net ~]# yum install httpd php php-devel php-mysql mariadb m
Loaded plugins: fastestmirror, langpacks
Repository epel is listed more than once in the configuration
Loading mirror speeds from cached hostfile
Package httpd-2.4.6-45.el7.centos.4.x86_64 already installed and latest ver
Package php-5.4.16-42.el7.x86_64 already installed and latest version
Package php-devel-5.4.16-42.el7.x86_64 already installed and latest version
Package php-mysql-5.4.16-42.el7.x86_64 already installed and latest version
Package 1:mariadb-5.5.52-1.el7.x86_64 already installed and latest version
Resolving Dependencies
--> Running transaction check
---> Package mariadb-server.x86_64 1:5.5.52-1.el7 will be installed
--> Finished Dependency Resolution

Dependencies Resolved
```

图 6-10　LAMP 中小企业架构安装

（5）执行命令 yum　remove　ntpdate -y，卸载 ntpdate 软件包，如图 6-11 所示。

```
[root@www-jfedu-net ~]# yum  remove  ntpdate -y
Loaded plugins: fastestmirror, langpacks
Repository epel is listed more than once in the configuration
Resolving Dependencies
--> Running transaction check
---> Package ntpdate.x86_64 0:4.2.6p5-25.el7.centos.2 will be erased
--> Processing Dependency: ntpdate = 4.2.6p5-25.el7.centos.2 for package:
entos.2.x86_64
--> Running transaction check
---> Package ntp.x86_64 0:4.2.6p5-25.el7.centos.2 will be erased
--> Finished Dependency Resolution

Dependencies Resolved

================================================================================
 Package           Arch             Version                                Repo
```

图 6-11　卸载 ntpdate 软件

（6）执行命令 yum provides rz 或 yum provides "*/rz"，查找 rz 命令的提供者，如图 6-12 所示。

```
[root@www-jfedu-net ~]#
[root@www-jfedu-net ~]# yum provides rz
Loaded plugins: fastestmirror, langpacks
Repository epel is listed more than once in the configuration
Loading mirror speeds from cached hostfile
lrzsz-0.12.20-36.el7.x86_64 : The lrz and lsz modem communications program
Repo        : os
Matched from:
Filename    : /usr/bin/rz


[root@www-jfedu-net ~]#
```

图 6-12　查找 rz 命令的提供者

（7）执行命令 yum update -y，升级 Linux 所有可更新的软件包或 Linux 内核，如图 6-13 所示。

```
[root@www-jfedu-net ~]# yum update -y
Loaded plugins: fastestmirror, langpacks
Repository epel is listed more than once in the configuration
Loading mirror speeds from cached hostfile
Resolving Dependencies
--> Running transaction check
---> Package NetworkManager.x86_64 1:1.0.6-27.el7 will be updated
---> Package NetworkManager.x86_64 1:1.4.0-19.el7_3 will be an update
---> Package NetworkManager-libnm.x86_64 1:1.0.6-27.el7 will be updated
---> Package NetworkManager-libnm.x86_64 1:1.4.0-19.el7_3 will be an updat
---> Package NetworkManager-team.x86_64 1:1.0.6-27.el7 will be updated
---> Package NetworkManager-team.x86_64 1:1.4.0-19.el7_3 will be an update
---> Package NetworkManager-tui.x86_64 1:1.0.6-27.el7 will be updated
---> Package NetworkManager-tui.x86_64 1:1.4.0-19.el7_3 will be an update
---> Package abrt-libs.x86_64 0:2.1.11-36.el7.centos will be updated
---> Package abrt-libs.x86_64 0:2.1.11-45.el7.centos will be an update
```

图 6-13　软件包升级或内核升级

6.6 yum 优先级配置实战

基于 yum 安装软件时，通常会配置多个 Repo 源，而 Fastest mirror 插件是为拥有多个镜像的软件库配置文件而设计的。它会连接每一个镜像，计算连接所需的时间，然后将镜像按由快到慢排序供 yum 应用。

CentOS Linux 系统 Fastestmirror 插件默认是开启的，所以安装软件会从最快的镜像源安装，但是由于 Repo 源很多，而在这些源中都存在某些软件包，但有些软件有重复，甚至冲突，能否优先从一些 Repo 源中去查找，找不到时再去其他源中找呢？

可以使用 yum 优先级插件解决该问题。yum 提供的插件 yum-plugin-priorities，直接 yum 安装即可，命令如下：

```
yum install -y yum-plugin-priorities
```

结果如图 6-14 所示。

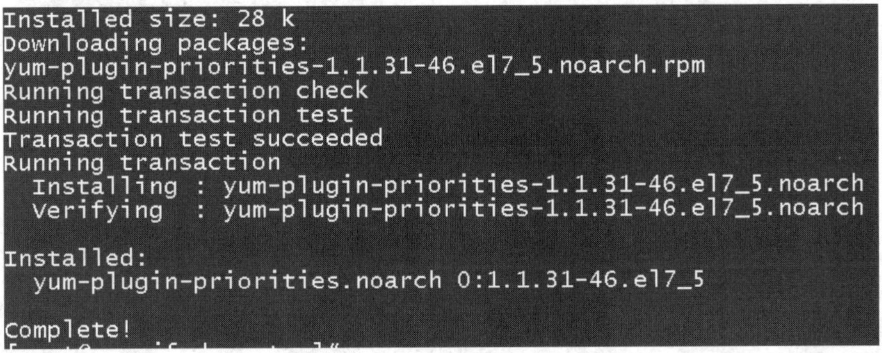

```
Installed size: 28 k
Downloading packages:
yum-plugin-priorities-1.1.31-46.el7_5.noarch.rpm
Running transaction check
Running transaction test
Transaction test succeeded
Running transaction
  Installing : yum-plugin-priorities-1.1.31-46.el7_5.noarch
  Verifying  : yum-plugin-priorities-1.1.31-46.el7_5.noarch

Installed:
  yum-plugin-priorities.noarch 0:1.1.31-46.el7_5

Complete!
```

图 6-14　yum 安装优先级插件

修改 yum 源优先级配置文件，设置为 Enabled，开启优先级插件，1 为开启，0 为禁止，命令如下，如图 6-15 所示。

```
vim /etc/yum/pluginconf.d/priorities.conf
enabled = 1
```

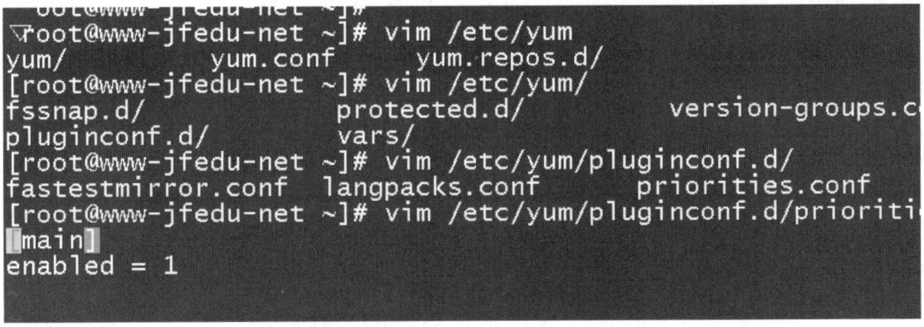

```
[root@www-jfedu-net ~]# vim /etc/yum
yum/          yum.conf     yum.repos.d/
[root@www-jfedu-net ~]# vim /etc/yum/
fssnap.d/            protected.d/          version-groups.c
pluginconf.d/        vars/
[root@www-jfedu-net ~]# vim /etc/yum/pluginconf.d/
fastestmirror.conf  langpacks.conf       priorities.conf
[root@www-jfedu-net ~]# vim /etc/yum/pluginconf.d/prioriti
[main]
enabled = 1
```

图 6-15　开启优先级插件

vim 命令修改/etc/yum.repos./xx.repo 文件，在 base 段中加入如下指令：（优先级为 1 表示优先被查找，越大其反而被后续查找），如图 6-16 所示。

```
priority=1
```

基于 yum 安装 ntpdate 软件，测试已经优先从 163 源中查找，如图 6-17 所示。

```
# remarked out baseurl= line instead.
#
#
[base-163-com]
name=CentOS-$releasever - Base - 163.com
#mirrorlist=http://mirrorlist.centos.org/?release=$release
baseurl=http://mirrors.163.com/centos/$releasever/os/$base
gpgcheck=1
priority=1
gpgkey=http://mirrors.163.com/centos/RPM-GPG-KEY-CentOS-7

#released updates
[updates]
```

图 6-16 设置优先级

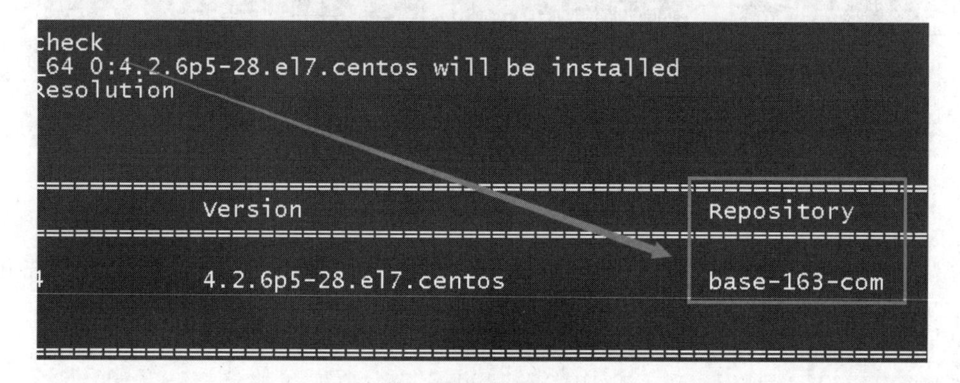

图 6-17 测试优先级

6.7 基于 ISO 镜像构建 yum 本地源

yum 客户端使用的前提通常是必须连外网，yum 安装软件时将检查 repo 配置文件查找相应的 yum 源仓库，企业 IDC 机房很多服务器为了安全起见，是禁止服务器上外网的，所以不能使用默认的官方 yum 源仓库。

构建本地 yum 光盘源，其原理是通过查找光盘中的软件包，实现 yum 安装。配置步骤如下。

（1）将 CentOS–7–x86_64–DVD–1511.iso 镜像加载至虚拟机 CD/DVD 或放入服务器 CD/DVD 光驱，并将镜像文件挂载至服务器/mnt 目录，如图 6-18 所示，挂载命令如下：

```
mount    /dev/cdrom    /mnt/
```

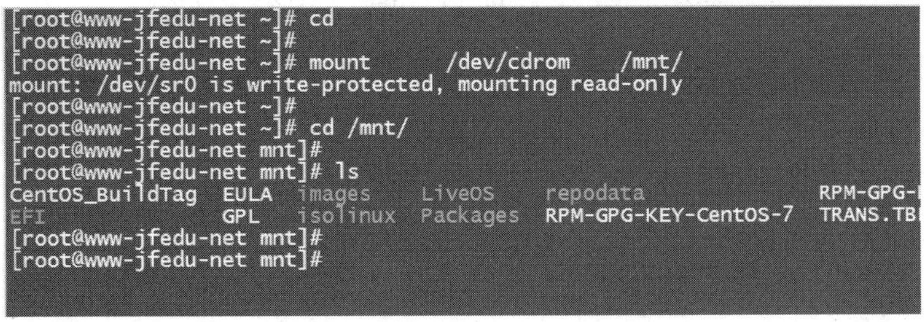

```
[root@www-jfedu-net ~]# cd
[root@www-jfedu-net ~]#
[root@www-jfedu-net ~]# mount      /dev/cdrom    /mnt/
mount: /dev/sr0 is write-protected, mounting read-only
[root@www-jfedu-net ~]#
[root@www-jfedu-net ~]# cd /mnt/
[root@www-jfedu-net mnt]#
[root@www-jfedu-net mnt]# ls
CentOS_BuildTag  EULA  images    LiveOS    repodata               RPM-GPG-
EFI              GPL   isolinux  Packages  RPM-GPG-KEY-CentOS-7   TRANS.TB
[root@www-jfedu-net mnt]#
[root@www-jfedu-net mnt]#
```

图 6-18　CentOS ISO 镜像文件挂载

（2）备份/etc/yum.repos.d/CentOS-Base.repo 文件为 CentOS-Base.repo.bak，同时在/etc/yum.repos.d 目录下创建 media.repo 文件，并写入以下内容：

```
[yum]
name=CentOS 7
baseurl=file:///mnt
enabled=1
gpgcheck=1
gpgkey=file:///mnt/RPM-GPG-KEY-CentOS-7
```

Media.repo 配置文件详解如下：

```
name=CentOS 7                               #yum 源显示名称
baseurl=file:///mnt                         #ISO 镜像挂载目录
gpgcheck=1                                  #是否检查 GPG-KEY
enabled=1                                   #是否启用 yum 源
gpgkey=file:///mnt/RPM-GPG-KEY-CentOS-7     #指定挂载目录下的 GPG-KEY 文件验证
```

（3）运行命令 yum clean all 清空 yum Cache，执行 yum install screen -y 安装 screen 软件，如图 6-19 所示。

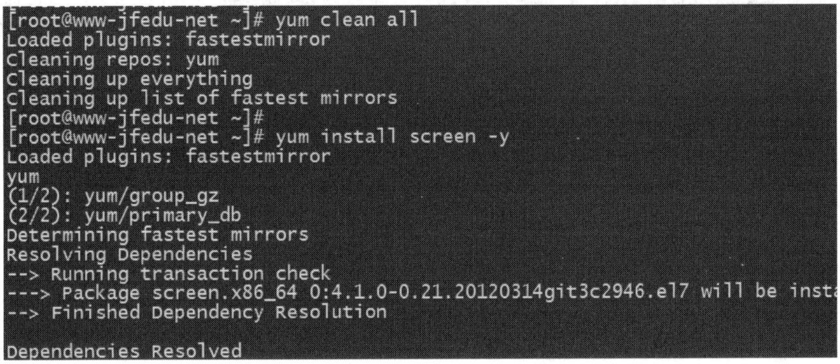

```
[root@www-jfedu-net ~]# yum clean all
Loaded plugins: fastestmirror
Cleaning repos: yum
Cleaning up everything
Cleaning up list of fastest mirrors
[root@www-jfedu-net ~]#
[root@www-jfedu-net ~]# yum install screen -y
Loaded plugins: fastestmirror
yum
(1/2): yum/group_gz
(2/2): yum/primary_db
Determining fastest mirrors
Resolving Dependencies
--> Running transaction check
---> Package screen.x86_64 0:4.1.0-0.21.20120314git3c2946.el7 will be insta
--> Finished Dependency Resolution

Dependencies Resolved
```

图 6-19　yum 安装 screen 软件

（4）至此，yum 光盘源构建完毕。在使用 yum 源时，可能遇到部分软件无法安装，这是因为光盘中软件包不完整导致，同时光盘源只能本机使用，其他局域网服务器无法使用。

6.8 基于 HTTP 构建 yum 网络源

yum 光盘源默认只能本机使用，局域网其他服务器无法使用 yum 光盘源，如果希望使用，需要在每台服务器上构建 yum 本地源。该方案在企业中不可取，所以需要构建 HTTP 局域网 yum 源解决。可以通过 createrepo 创建本地 yum 源端（Repo 即为 Repository）。

构建 HTTP 局域网 yum 源方法及步骤如下。

（1）挂载光盘镜像文件至/mnt：

```
mount   /dev/cdrom   /mnt/
```

（2）复制/mnt/Packages 目录下所有软件包至/var/www/html/centos/：

```
mkdir  -p  /var/www/html/centos/
cp    -R   /mnt/Packages/*  /var/www/html/centos/
```

（3）使用 createrepo 创建本地源。执行以下命令会在 Centos 目录生成 repodata 目录，目录内容如图 6-20 所示。

```
yum  install  createrepo*  -y
cd /var/www/html
createrepo  centos/
```

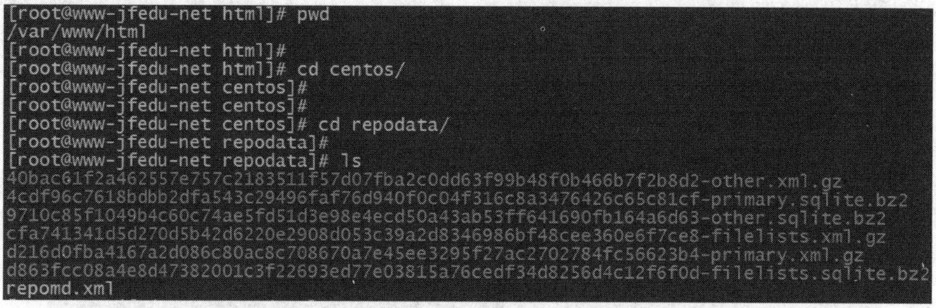

```
[root@www-jfedu-net html]# pwd
/var/www/html
[root@www-jfedu-net html]#
[root@www-jfedu-net html]# cd centos/
[root@www-jfedu-net centos]#
[root@www-jfedu-net centos]#
[root@www-jfedu-net centos]# cd repodata/
[root@www-jfedu-net repodata]#
[root@www-jfedu-net repodata]# ls
40bac61f2a462557e757c2183511f57d07fba2c0dd63f99b48f0b466b7f2b8d2-other.xml.gz
4cdf96c7618bdbb2dfa543c29496faf76d940f0c04f316c8a3476426c65c81cf-primary.sqlite.bz2
9710c85f1049b4c60c74ae5fd51d3e98e4ecd50a43ab53ff641690fb164a6d63-other.sqlite.bz2
cfa741341d5d270d5b42d6220e2908d053c39a2d8346986bf48cee360e6f7ce8-filelists.xml.gz
d216d0fba4167a2d086c80ac8c708670a7e45ee3295f27ac2702784fc56623b4-primary.xml.gz
d863fcc08a4e8d47382001c3f22693ed77e03815a76cedf34d8256d4c12f6f0d-filelists.sqlite.bz2
repomd.xml
```

图 6-20　createrepo 生成 repodata 目录

（4）利用 HTTP 发布 yum 本地源。

本地 yum 源通过 createrepo 搭建完毕，需要借助 HTTP Web 服务器发布/var/www/html/centos/中所有软件，yum 或 RPM 安装 HTTP Web 服务器，并启动 httpd 服务：

```
yum install  httpd  httpd-devel             #-y 安装 HTTP Web 服务
useradd  apache  -g  apache                 #创建 apache 用户和组
systemctl  restart  httpd.service           #重启 httpd 服务
setenforce 0                                #临时关闭 SeLinux 应用级安全策略
systemctl stop firewalld.service            #停止防火墙
ps -ef |grep httpd                          #查看 httpd 进程是否启动
```

（5）在 yum 客户端，创建/etc/yum.repos.d/http.repo 文件，写入以下内容：

```
[base]
name="CentOS 7 HTTP yum"
baseurl=http://192.168.1.115/centos/
gpgcheck=0
enabled=1
[updates]
name="CentOS 7 HTTP yum"
baseurl=http://192.168.1.115/centos
gpgcheck=0
enabled=1
```

（6）在 yum 客户端上执行如下命令，结果如图 6-21 所示。

```
yum clean all                               #清空 yum Cache
yum install ntpdate  -y                     #安装 ntpdate 软件
```

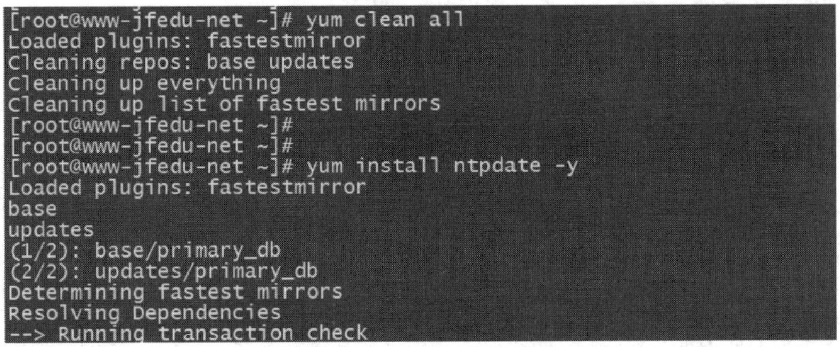

```
[root@www-jfedu-net ~]# yum clean all
Loaded plugins: fastestmirror
Cleaning repos: base updates
Cleaning up everything
Cleaning up list of fastest mirrors
[root@www-jfedu-net ~]#
[root@www-jfedu-net ~]#
[root@www-jfedu-net ~]# yum install ntpdate -y
Loaded plugins: fastestmirror
base
updates
(1/2): base/primary_db
(2/2): updates/primary_db
Determining fastest mirrors
Resolving Dependencies
--> Running transaction check
```

图 6-21　HTTP yum 源客户端验证

6.9　yum 源端软件包扩展

默认使用 ISO 镜像文件中的软件包构建的 HTTP yum 源会缺少很多软件包，如果服务器需要挂载移动硬盘，mount 命令挂载移动硬盘需要 ntfs-3g 软件包支持，而本地光盘镜像中没有该软件包，此时需要往 yum 源端添加 ntfs-3g 软件包。添加方法如下。

（1）切换至/var/www/html/centos 目录，官网下载 ntfs-3g 软件包。命令如下：

```
cd /var/www/html/centos/
wget http://dl.fedoraproject.org/pub/epel/7/x86_64/n/ntfs-3g-2021.2.22-
3.el7.x86_64.rpm
http://dl.fedoraproject.org/pub/epel/7/x86_64/n/ntfs-3g-devel-2021.2.22-
3.el7.x86_64.rpm
```

（2）执行 createrepo 命令更新软件包。同理，如需新增其他软件包，把软件下载至本地，然后通过 createrepo 命令更新即可，命令如下，结果如图 6-22 所示。

```
createrepo  --update  centos/
```

```
[root@www-jfedu-net html]#
[root@www-jfedu-net html]# ls centos/ntfs-3g-*
centos/ntfs-3g-2016.2.22-3.el7.x86_64.rpm  centos/ntfs-3g-devel-2016.
[root@www-jfedu-net html]#
[root@www-jfedu-net html]#
[root@www-jfedu-net html]# createrepo --update centos/
Spawning worker 0 with 2 pkgs
Workers Finished
Saving Primary metadata
Saving file lists metadata
Saving other metadata
Generating sqlite DBs
Sqlite DBs complete
```

图 6-22　执行 createrepo 命令更新软件包

（3）客户端 yum 验证，安装 ntfs-3g 软件包，如图 6-23 所示。

```
[root@www-jfedu-net ~]# yum clean all
Loaded plugins: fastestmirror
Cleaning repos: base updates
Cleaning up everything
Cleaning up list of fastest mirrors
[root@www-jfedu-net ~]#
[root@www-jfedu-net ~]# yum install ntfs-3g -y
Loaded plugins: fastestmirror
base
updates
(1/2): base/primary_db
(2/2): updates/primary_db
Determining fastest mirrors
Resolving Dependencies
--> Running transaction check
---> Package ntfs-3g.x86_64 2:2016.2.22-3.el7 will be installed
--> Finished Dependency Resolution

Dependencies Resolved
```

图 6-23　yum 安装 ntfs-3g 软件包

6.10　同步外网 yum 源

在企业实际应用场景中，仅靠光盘里的 RPM 软件包不能满足需要，可以把外网的 yum 源中的所有软件包同步至本地，以完善本地 yum 源的软件包数量及完整性。

获取外网 yum 源软件的常见方法包括 Rsync、wget、reposync，3 种同步方法的区别在于：Rsync 方式需要外网 yum 源支持 RSYNC 协议，wget 可以直接获取，而 reposync 可以同步几乎所有的 yum 源。下面以 reporsync 为案例，同步外网 yum 源软件至本地，步骤如下。

（1）下载 CentOS 7 REPO 文件至/etc/yum.repos.d/，并安装 reposync 命令工具：

```
wget  http://mirrors.163.com/.help/CentOS7-Base-163.repo
mv CentOS 7-Base-163.repo /etc/yum.repos.d/centos.repo
yum  clean all
yum install yum-utils createrepo -y
yum repolist
```

（2）通过 reposync 命令工具获取外网 yum 源所有软件包，–r 参数指定 repolist id，默认不加–r 表示获取外网所有 yum 软件包，–p 参数表示指定下载软件的路径，如图 6-24 所示，命令如下：

```
reposync  -r  base     -p     /var/www/html/centos/
reposync  -r  updates  -p     /var/www/html/centos/
```

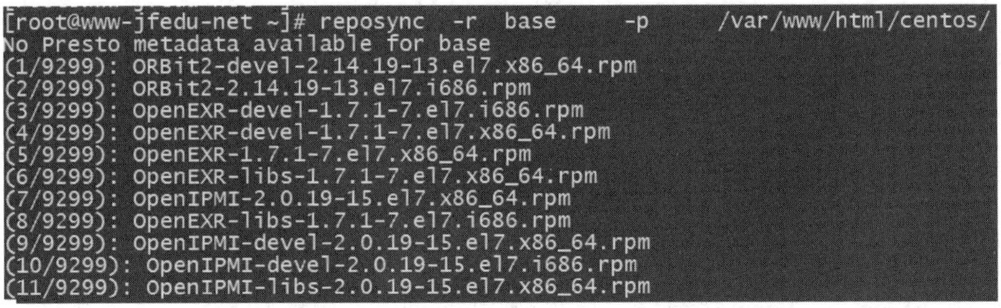

```
[root@www-jfedu-net ~]# reposync  -r  base     -p     /var/www/html/centos/
No Presto metadata available for base
(1/9299): ORBit2-devel-2.14.19-13.el7.x86_64.rpm
(2/9299): ORBit2-2.14.19-13.el7.i686.rpm
(3/9299): OpenEXR-devel-1.7.1-7.el7.i686.rpm
(4/9299): OpenEXR-devel-1.7.1-7.el7.x86_64.rpm
(5/9299): OpenEXR-1.7.1-7.el7.x86_64.rpm
(6/9299): OpenEXR-libs-1.7.1-7.el7.x86_64.rpm
(7/9299): OpenIPMI-2.0.19-15.el7.x86_64.rpm
(8/9299): OpenEXR-libs-1.7.1-7.el7.i686.rpm
(9/9299): OpenIPMI-devel-2.0.19-15.el7.x86_64.rpm
(10/9299): OpenIPMI-devel-2.0.19-15.el7.i686.rpm
(11/9299): OpenIPMI-libs-2.0.19-15.el7.x86_64.rpm
```

（a）通过 reposync 命令（base）工具获取外网 yum 源软件包

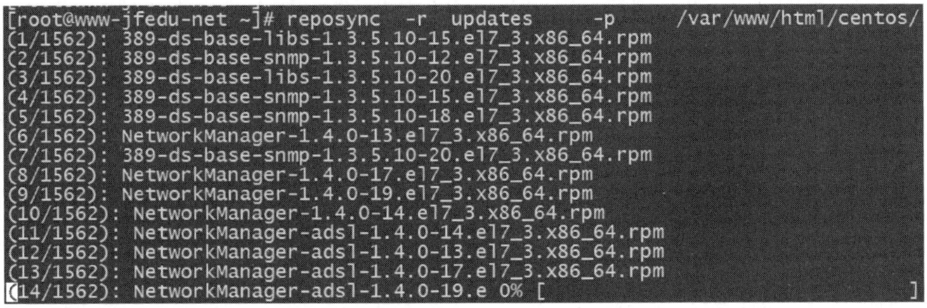

```
[root@www-jfedu-net ~]# reposync  -r  updates     -p     /var/www/html/centos/
(1/1562): 389-ds-base-libs-1.3.5.10-15.el7_3.x86_64.rpm
(2/1562): 389-ds-base-snmp-1.3.5.10-12.el7_3.x86_64.rpm
(3/1562): 389-ds-base-libs-1.3.5.10-20.el7_3.x86_64.rpm
(4/1562): 389-ds-base-snmp-1.3.5.10-15.el7_3.x86_64.rpm
(5/1562): 389-ds-base-snmp-1.3.5.10-18.el7_3.x86_64.rpm
(6/1562): NetworkManager-1.4.0-13.el7_3.x86_64.rpm
(7/1562): 389-ds-base-snmp-1.3.5.10-20.el7_3.x86_64.rpm
(8/1562): NetworkManager-1.4.0-17.el7_3.x86_64.rpm
(9/1562): NetworkManager-1.4.0-19.el7_3.x86_64.rpm
(10/1562): NetworkManager-1.4.0-14.el7_3.x86_64.rpm
(11/1562): NetworkManager-adsl-1.4.0-14.el7_3.x86_64.rpm
(12/1562): NetworkManager-adsl-1.4.0-13.el7_3.x86_64.rpm
(13/1562): NetworkManager-adsl-1.4.0-17.el7_3.x86_64.rpm
(14/1562): NetworkManager-adsl-1.4.0-19.e 0% [                    ]
```

（b）通过 reposync 命令（updates）工具获取外网 yum 源软件包

图 6-24　获取外网 yum 源软件包

（3）通过 reposync 命令工具下载完所有的软件包之后，需要执行 createrepo 命令更新本地 yum 仓库：

```
createrepo  /var/www/html/centos/
```

6.11 本章小结

通过对本章内容的学习，读者应掌握 Linux 安装不同包的工具及命令，使用 RPM 及 yum 管理.rpm 结尾的二进制包，基于 configure、make、make install 命令实现源码包安装，并能够对软件进行安装、卸载及维护。

能够独立构建企业光盘源、HTTP 网络 yum 源，实现无外网网络使用 yum 安装各种软件包及工具，同时能随时添加新的软件包至本地 yum 源。

6.12 同步作业

1. RPM 及 yum 管理工具的区别是什么？

2. 企业中安装软件，何时选择 yum 安装或源码编译安装？

3. 将 Linux 系统中 PHP 5.3 版本升级至 PHP 5.5 版本，升级方法有几种？分别写出升级步骤。

4. 使用源码编译安装 httpd-2.4.25.tar.bz2，写出安装的流程及注意事项。

5. 如何将 CentOS 7 Linux 字符界面升级为图形界面，并设置系统启动默认为图形界面？

第 7 章 Linux 磁盘管理

Linux 系统下的一切内容都以文件的形式存储于硬盘，应用程序数据需要时刻读写硬盘，所以企业生产环境中对硬盘的操作变得尤为重要，对硬盘的维护和管理也是每个运维工程师必备工作之一。

本章内容包括硬盘简介，硬盘数据存储方式，如何在企业生产服务器添加硬盘，对硬盘进行分区、初始化及故障修复等。

7.1 计算机硬盘简介

硬盘是计算机的主要存储媒介之一，由一个或多个铝制或玻璃制的碟片组成，碟片外覆盖有铁磁性材料，硬盘内部由磁道、柱面、扇区、磁头等部件组成，如图 7-1 所示。

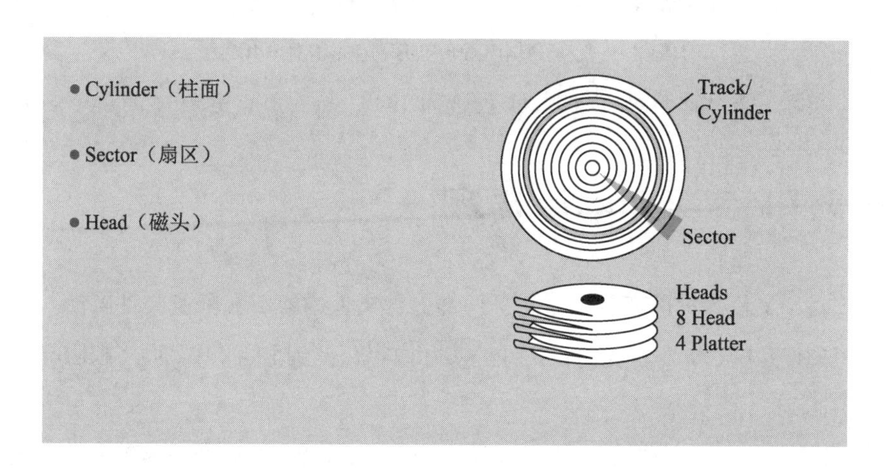

图 7-1 硬盘内部结构组成

Linux 系统中硬件设备相关配置文件存放在/dev/下，常见硬盘命名为/dev/hda、/dev/sda、/dev/sdb、/dev/sdc、/dev/vda。不同硬盘接口在系统中识别的设备名称不一样。

IDE 硬盘接口在 Linux 中设备名为/dev/hda，SAS、SCSI、SATA 硬盘接口在 Linux 中设备名为 sda，高效云盘硬盘接口会识别为/dev/vda 等。

文件存储在硬盘上，硬盘的最小存储单位称 Sector（扇区），每个 Sector 存储 512 字节。操作系统在读取硬盘时，不会逐个 Sector 读取，这样效率非常低，为了提升读取效率，操作系统会一次性连续读取多个 Sector，将一次性读取的多个 Sector 称为一个 Block（块）。

由多个 Sector 组成的 Block 是文件存取的最小单位。Block 的大小常见的有 1KB、2KB、4KB，Block 在 Linux 中常设置为 4KB，即连续 8 个 Sector 组成一个 Block。

/boot 分区 Block 一般为 1KB，而/data/分区或/分区的 Block 为 4KB。可以通过如下 3 种方法查看 Linux 分区的 Block 大小：

```
dumpe2fs /dev/sda1 |grep "Block size"
tune2fs -l /dev/sda1 |grep "Block size"
stat /boot/|grep "IO Block"
```

例如创建一个普通文件，文件大小为 10 字节，而默认设置 Block 为 4KB，如果有 1 万个小文件，由于每个 Block 只能存放一个文件，如果文件的大小比 Block 大，会申请更多的 Block，相反如果文件的大小比默认 Block 小，仍会占用一个 Block，这样剩余的空间会被浪费。

1 万个文件在理论上只占用空间大小为

$$10000 \times 10\text{B}=100000\text{B}=97.65625\text{MB}$$

1 万个文件真实占用空间大小为

$$10000 \times 4096\text{B}=40960000\text{B}=40000\text{MB}=40\text{GB}$$

根据企业实际需求，此时可以将 Block 设置为 1KB，从而节省更多的空间。

7.2 硬盘 Block 及 Inode 详解

操作系统对于文件数据的存放通常包括两部分：文件内容、权限及文件属性。操作系统文件的存放基于文件系统，文件系统会将文件的实际内容存储到 Block 中，而将权限与属性等信息存放至 Inode 中。

在硬盘分区中，还有一个超级区块（SuperBlock），SuperBlock 会记录整个文件系统的整体信息，包括 Inode、Block 总量、使用大小、剩余大小等信息，每个 Inode 与 Block 都有编号对应，方便 Linux 系统快速定位查找文件。

（1）SuperBlock：记录文件系统的整体信息，包括 Inode 与 Block 的总量、使用大小、剩余大小，以及文件系统的格式与相关信息等。

（2）Inode：记录文件的属性、权限，同时会记录该文件的数据所在的 Block 编号。

（3）Block：存储文件的内容，如果文件超过默认 Block 大小，会自动占用多个 Block。

因为每个 Inode 与 Block 都有编号，而每个文件都会占用一个 Inode，Inode 内则有文件数据放置的 Block 号码。如果能够找到文件的 Inode，就可以找到该文件所放置数据的 Block 号码，从而读取该文件内容。

操作系统进行格式化分区时，操作系统自动将硬盘分成两个区域：一个是数据 Block 区，用于存放文件数据；另一个是 Inode Table 区，用于存放 Inode 包含的元信息。

每个 Inode 节点的大小可以在格式化时指定，默认为 128 字节或 256 字节，/boot 分区 Inode 默认为 128 字节，其他分区默认为 256 字节。查看 Linux 系统下 Inode 的方法如下：

```
dumpe2fs  /dev/sda1 |grep " Inode size "
tune2fs  -l  /dev/sda1 |grep " Inode size"
stat  /boot/|grep "Inode"
```

格式化硬盘时，可以指定默认 Inode 和 Block 的大小，-b 指定默认 Block 值，-I 指定默认 Inode 值，如图 7-2 所示，命令如下：

```
mkfs.ext4 -b 4096 -I 256 /dev/sdb
```

```
[root@www-jfedu-net ~]# mkfs.ext4 -b 4096 -I 256 /dev/sdb
mke2fs 1.42.9 (28-Dec-2013)
/dev/sdb is entire device, not just one partition!
Proceed anyway? (y,n) y
Filesystem label=
OS type: Linux
Block size=4096 (log=2)
Fragment size=4096 (log=2)
Stride=0 blocks, Stripe width=0 blocks
2621440 inodes, 10485760 blocks
524288 blocks (5.00%) reserved for the super user
First data block=0
Maximum filesystem blocks=2157969408
320 block groups
32768 blocks per group, 32768 fragments per group
8192 inodes per group
Superblock backups stored on blocks:
```

图 7-2　格式化硬盘指定 Inode 和 Block 大小

7.3 硬链接介绍

一般情况下，文件名和 Inode 编号是一一对应的关系，每个 Inode 号码对应一个文件名。但 UNIX/Linux 系统中多个文件名也可以指向同一个 Inode 号码。这意味着可以用不同的文件名访问同样的内容，对文件内容进行修改，会影响到所有文件名，但删除一个文件名，不影响另一个文件名的访问。这种情况称为硬链接（hard link）。

创建硬链接的命令为 ln jf1.txt jf2.txt，其中 jf1.txt 为源文件，jf2.txt 为目标文件。以上命令源文件与目标文件的 Inode 号码相同，都指向同一个 Inode。Inode 信息中有一项叫作“链接数”，记录指向该 Inode 的文件名总数，这时会增加 1，变成 2，如图 7-3 所示。

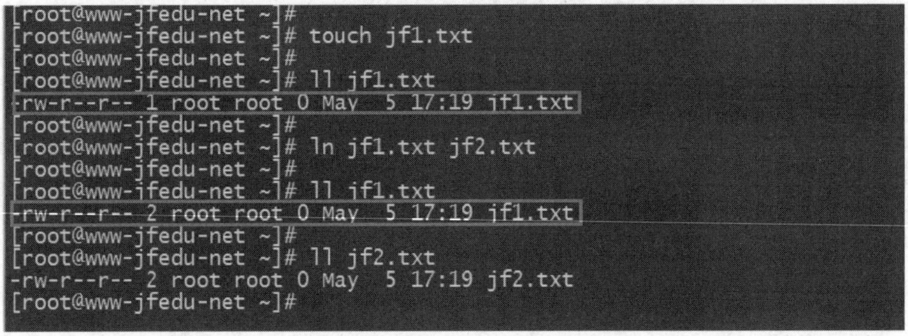

```
[root@www-jfedu-net ~]#
[root@www-jfedu-net ~]# touch jf1.txt
[root@www-jfedu-net ~]#
[root@www-jfedu-net ~]# ll jf1.txt
-rw-r--r-- 1 root root 0 May  5 17:19 jf1.txt
[root@www-jfedu-net ~]#
[root@www-jfedu-net ~]# ln jf1.txt jf2.txt
[root@www-jfedu-net ~]#
[root@www-jfedu-net ~]# ll jf1.txt
-rw-r--r-- 2 root root 0 May  5 17:19 jf1.txt
[root@www-jfedu-net ~]#
[root@www-jfedu-net ~]# ll jf2.txt
-rw-r--r-- 2 root root 0 May  5 17:19 jf2.txt
[root@www-jfedu-net ~]#
```

图 7-3 jf1.txt jf2.txt 硬链接 Inode 值变化

同样，删除一个 jf2.txt 文件，将使 jf1.txt inode 节点中的“链接数”减 1。如果该 Inode 值减到 0，表明没有文件名指向这个 Inode，系统就会回收这个 Inode 号码，以及其所对应 Block 区域，如图 7-4 所示。

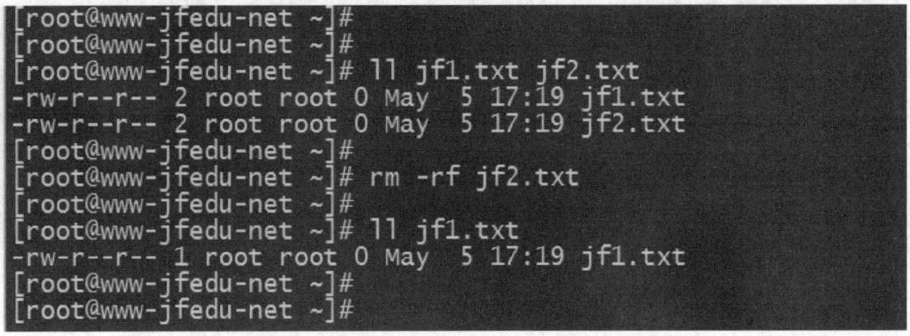

```
[root@www-jfedu-net ~]#
[root@www-jfedu-net ~]#
[root@www-jfedu-net ~]# ll jf1.txt jf2.txt
-rw-r--r-- 2 root root 0 May  5 17:19 jf1.txt
-rw-r--r-- 2 root root 0 May  5 17:19 jf2.txt
[root@www-jfedu-net ~]#
[root@www-jfedu-net ~]# rm -rf jf2.txt
[root@www-jfedu-net ~]#
[root@www-jfedu-net ~]# ll jf1.txt
-rw-r--r-- 1 root root 0 May  5 17:19 jf1.txt
[root@www-jfedu-net ~]#
[root@www-jfedu-net ~]#
```

图 7-4 删除 jf2.txt 硬链接 Inode 值变化

实用小技巧：硬链接不能跨分区链接，只能对文件生效，对目录无效，即目录不能创建硬链接。硬链接源文件与目标文件共用一个 Inode 值，某种意义可以节省 Inode 空间。不管是单独删除源文件还是删除目标文件，文件内容始终存在，同时链接后的文件不占用系统多余的空间。

7.4　软链接介绍

除硬链接外，还有一种链接——软链接。文件 jf1.txt 和文件 jf2.txt 的 Inode 号码虽然不一样，但是文件 jf2.txt 的内容是文件 jf1.txt 的路径。读取文件 jf2.txt 时，系统会自动将访问者导向文件 jf1.txt。

无论打开哪一个文件，最终读取的都是文件 jf1.txt。这时，文件 jf2.txt 就称为文件 jf1.txt 的“软链接”（soft link）或“符号链接”（symbolic link）。

文件 jf2.txt 依赖于文件 jf1.txt 而存在，如果删除了文件 jf1.txt，打开文件 jf2.txt 就会报错："No such file or directory"。

软链接与硬链接最大的不同是文件 jf2.txt 指向文件 jf1.txt 的文件名，而不是文件 jf1.txt 的 Inode 号码，因此文件 jf1.txt 的 Inode 链接数不会发生变化，如图 7-5 所示。

```
[root@localhost ~]# ls -li jf1.txt
790403 -rw-r--r-- 1 root root 0 May  5 17:50 jf1.txt
[root@localhost ~]#
[root@localhost ~]# ln -s jf1.txt jf2.txt
[root@localhost ~]#
[root@localhost ~]#
[root@localhost ~]# ll -li jf1.txt jf2.txt
790403 -rw-r--r-- 1 root root 0 May  5 17:50 jf1.txt
795230 lrwxrwxrwx 1 root root 7 May  5 17:50 jf2.txt -> jf1.txt
[root@localhost ~]#
[root@localhost ~]#
[root@localhost ~]# rm -rf jf1.txt
[root@localhost ~]#
[root@localhost ~]# ll -li jf2.txt
795230 lrwxrwxrwx 1 root root 7 May  5 17:50 jf2.txt -> jf1.txt
[root@localhost ~]#
```

图 7-5　删除 jf1.txt 源文件链接数不变

实用小技巧：软链接可以跨分区链接，软链接支持目录同时也支持文件的链接。软链接源文件与目标文件 Inode 不相同，某种意义会消耗 Inode 空间。不管是删除源文件还是重启系统，该软链接还存在，但是文件内容会丢失，新建源同名文件名即可使软链接文件恢复正常。

7.5 Linux 下磁盘实战操作命令

企业真实场景中由于硬盘常年大量读写，经常会出现坏盘，需要更换硬盘；或者由于磁盘空间不足，需添加新硬盘。新更换或添加的硬盘需要经过格式化、分区才能被 Linux 系统所使用。虚拟机 CentOS 7 Linux 模拟 DELL R730 真实服务器添加一块新硬盘，不需要关机，直接插入新硬盘即可，一般硬盘均支持热插拔功能。企业中添加新硬盘的操作流程如下。

（1）检测 Linux 系统识别的硬盘设备，新添加硬盘被识别为/dev/sdb，如果有多块硬盘，会依次识别成/dev/sdc、/dev/sdd 等设备名称，如图 7-6 所示，检测命令如下：

```
fdisk  -l
```

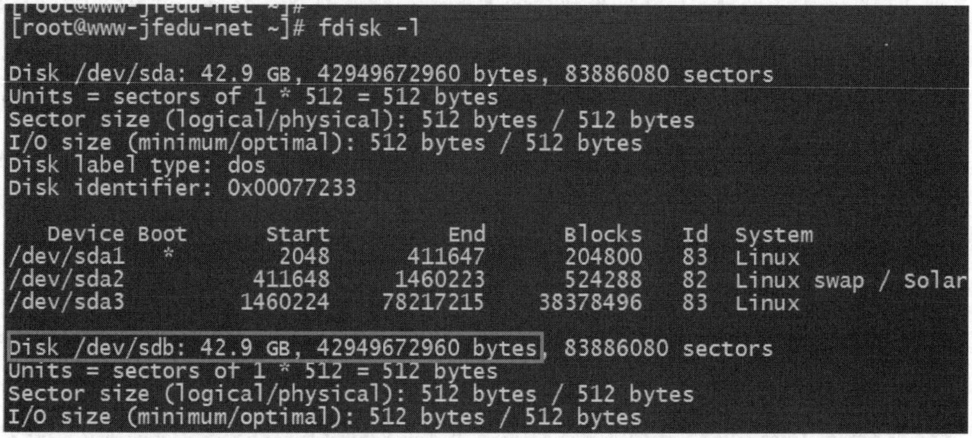

```
[root@www-jfedu-net ~]# fdisk -l

Disk /dev/sda: 42.9 GB, 42949672960 bytes, 83886080 sectors
Units = sectors of 1 * 512 = 512 bytes
Sector size (logical/physical): 512 bytes / 512 bytes
I/O size (minimum/optimal): 512 bytes / 512 bytes
Disk label type: dos
Disk identifier: 0x00077233

   Device Boot      Start         End      Blocks   Id  System
/dev/sda1   *        2048      411647      204800   83  Linux
/dev/sda2          411648     1460223      524288   82  Linux swap / Solar
/dev/sda3         1460224    78217215    38378496   83  Linux

Disk /dev/sdb: 42.9 GB, 42949672960 bytes, 83886080 sectors
Units = sectors of 1 * 512 = 512 bytes
Sector size (logical/physical): 512 bytes / 512 bytes
I/O size (minimum/optimal): 512 bytes / 512 bytes
```

图 7-6 fdisk 查看 Linux 系统硬盘设备

（2）基于新硬盘/dev/sdb 设备，创建磁盘分区/dev/sdb1，如图 7-7 所示，创建命令如下：

```
fdisk /dev/sdb
```

（3）fdisk 分区命令参数如下，常用参数包括 m、n、p、e、d、w：

```
b                        #编辑 bsd disklabel
c                        #切换 DOS 兼容性标志
d                        #删除一个分区
g                        #创建一个新的空 GPT 分区表
```

```
G                     #创建一个 IRIX(SGI)分区表
l                     #列出已知的分区类型
m                     #打印帮助菜单
n                     #添加一个新分区
o                     #创建一个新的空 DOS 分区表
p                     #打印分区表信息
q                     #退出而不保存更改
s                     #创建一个新的空的 Sun 磁盘标签
t                     #更改分区的系统 ID
u                     #更改显示/输入单位
v                     #验证分区表
w                     #将分区表写入磁盘并退出
x                     #额外功能
```

```
[root@www-jfedu-net ~]# fdisk /dev/sdb
Welcome to fdisk (util-linux 2.23.2).

Changes will remain in memory only, until you decide to write them.
Be careful before using the write command.

Device does not contain a recognized partition table
Building a new DOS disklabel with disk identifier 0x3e5bdbfe.

Command (m for help): m
Command action
   a   toggle a bootable flag
   b   edit bsd disklabel
   c   toggle the dos compatibility flag
   d   delete a partition
   g   create a new empty GPT partition table
   G   create an IRIX (SGI) partition table
   l   list known partition types
   m   print this menu
```

图 7-7　fdisk /dev/sdb 分区

（4）创建/dev/sdb1 分区的方法为 fdisk /dev/sdb，然后依次输入 n、p、1，按 Enter 键，接着输入+20G，按 Enter 键，输入 w，最后执行 fdisk –l|tail –10 命令，如图 7-8 所示。

（5）mkfs.ext4　/dev/sdb1 命令格式化磁盘分区，如图 7-9 所示。

（6）/dev/sdb1 分区格式化，使用 mount 命令挂载到/data/目录，如图 7-10 所示，命令如下：

```
mkdir     -p        /data/                       #创建/data/数据目录
mount  /dev/sdb1    /data                        #挂载/dev/sdb1 分区至/data/目录
df -h                                            #查看磁盘分区详情
echo "mount /dev/sdb1 /data" >>/etc/rc.local     #将挂载分区命令加入/etc/rc.local
                                                 #开机启动
```

```
[root@www-jfedu-net ~]# fdisk /dev/sdb
Welcome to fdisk (util-linux 2.23.2).

Changes will remain in memory only, until you decide to write them.
Be careful before using the write command.

Device does not contain a recognized partition table
Building a new DOS disklabel with disk identifier 0x3cf5bf9c.

Command (m for help): n
Partition type:
   p   primary (0 primary, 0 extended, 4 free)
   e   extended
Select (default p): p
Partition number (1-4, default 1): 1
First sector (2048-83886079, default 2048):
Using default value 2048
Last sector, +sectors or +size{K,M,G} (2048-83886079, default 83886079): +20G
Partition 1 of type Linux and of size 20 GiB is set

Command (m for help): w
```

（a）fdisk /dev/sdb 创建/dev/sdb1 分区

```
[root@www-jfedu-net ~]#
[root@www-jfedu-net ~]# fdisk -l|tail -10

Disk /dev/sdb: 42.9 GB, 42949672960 bytes, 83886080 sectors
Units = sectors of 1 * 512 = 512 bytes
Sector size (logical/physical): 512 bytes / 512 bytes
I/O size (minimum/optimal): 512 bytes / 512 bytes
Disk label type: dos
Disk identifier: 0x3cf5bf9c

   Device Boot      Start         End      Blocks   Id  System
/dev/sdb1            2048    41945087    20971520   83  Linux
[root@www-jfedu-net ~]#
```

（b）fdisk –l 查看/dev/sdb1 分区

图 7-8　创建并查看/dev/sdb1 分区

```
[root@www-jfedu-net ~]# mkfs.ext4 /dev/sdb1
mke2fs 1.42.9 (28-Dec-2013)
Filesystem label=
OS type: Linux
Block size=4096 (log=2)
Fragment size=4096 (log=2)
Stride=0 blocks, Stripe width=0 blocks
1310720 inodes, 5242880 blocks
262144 blocks (5.00%) reserved for the super user
First data block=0
Maximum filesystem blocks=2153775104
160 block groups
32768 blocks per group, 32768 fragments per group
8192 inodes per group
Superblock backups stored on blocks:
        32768, 98304, 163840, 229376, 294912, 819200, 884736, 1605632, 265
        4096000
```

图 7-9　mkfs.ext4 格式化磁盘分区

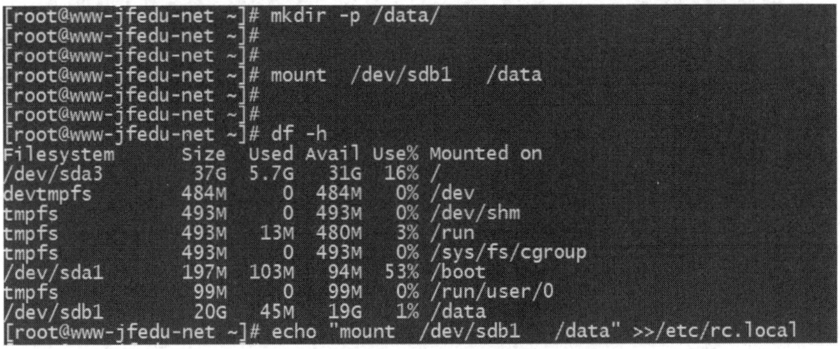

```
[root@www-jfedu-net ~]# mkdir -p /data/
[root@www-jfedu-net ~]#
[root@www-jfedu-net ~]#
[root@www-jfedu-net ~]# mount  /dev/sdb1   /data
[root@www-jfedu-net ~]#
[root@www-jfedu-net ~]#
[root@www-jfedu-net ~]# df -h
Filesystem      Size  Used Avail Use% Mounted on
/dev/sda3        37G  5.7G   31G  16% /
devtmpfs        484M     0  484M   0% /dev
tmpfs           493M     0  493M   0% /dev/shm
tmpfs           493M   13M  480M   3% /run
tmpfs           493M     0  493M   0% /sys/fs/cgroup
/dev/sda1       197M  103M   94M  53% /boot
tmpfs            99M     0   99M   0% /run/user/0
/dev/sdb1        20G   45M   19G   1% /data
[root@www-jfedu-net ~]# echo "mount  /dev/sdb1   /data" >>/etc/rc.local
```

图 7-10 使用 mount 命令挂载/dev/sdb1 磁盘分区

（7）自动挂载分区除了可以加入/etc/rc.local 开机启动之外，还可以加入/etc/fstab 文件，如图 7-11 所示，命令如下：

```
/dev/sdb1             /data/            ext4          defaults        0 0
mount     -o     rw,remount      /     #重新挂载/系统,检测/etc/fstab是否有误
```

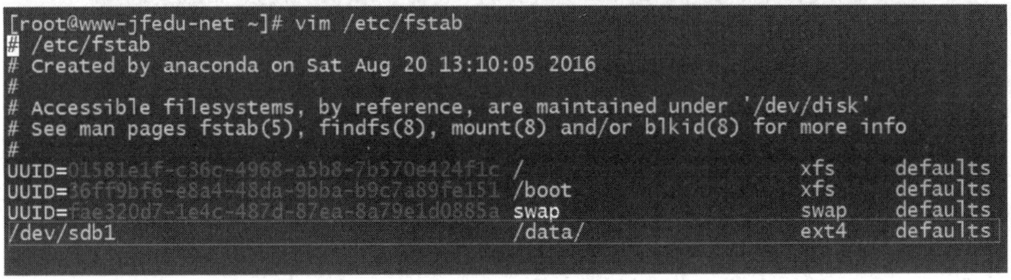

```
[root@www-jfedu-net ~]# vim /etc/fstab
# /etc/fstab
# Created by anaconda on Sat Aug 20 13:10:05 2016
#
# Accessible filesystems, by reference, are maintained under '/dev/disk'
# See man pages fstab(5), findfs(8), mount(8) and/or blkid(8) for more info
#
UUID=01581e1f-c36c-4968-a5b8-7b570e424f1c /                       xfs     defaults
UUID=36ff9bf6-e8a4-48da-9bba-b9c7a89fe151 /boot                   xfs     defaults
UUID=fae320d7-1e4c-487d-87ea-8a79e1d0885a swap                    swap    defaults
/dev/sdb1                                 /data/                  ext4    defaults
```

图 7-11 /dev/sdb1 磁盘分区加入/etc/fstab 文件

7.6 基于 GPT 格式磁盘分区

MBR 分区标准决定了 MBR 只支持 2TB 以下的硬盘，为了支持大于 2TB 的硬盘空间，需使用 GPT 格式进行分区。创建大于 2TB 的分区，需使用 parted 工具。

在企业真实环境中，通常一台服务器有多块硬盘，整个硬盘容量为 10TB，需要基于 GTP 格式对 10TB 硬盘进行分区，操作步骤如下：

```
parted -s  /dev/sdb  mklabel gpt            #设置分区类型为GPT格式
mkfs.ext3  /dev/sdb                         #基于Ext3文件系统类型格式化
mount    /dev/sdb  /data/                   #挂载/dev/sdb设备至/data/目录
```

（1）假设/dev/sdb 为 10TB 硬盘，使用 GPT 格式化磁盘，如图 7-12 所示。

```
Partition 2 does not end on cylinder boundary.
/dev/sda3              536        6528    48126976

Disk /dev/sdb: 53.7 GB, 53687091200 bytes
255 heads, 63 sectors/track, 6527 cylinders
Units = cylinders of 16065 * 512 = 8225280 bytes
Sector size (logical/physical): 512 bytes / 512 b
I/O size (minimum/optimal): 512 bytes / 512 bytes
Disk identifier: 0x00000000

[root@localhost ~]# fdisk -l
```

图 7-12 假设/dev/sdb 为 10TB 硬盘

（2）执行命令：parted –s /dev/sdb mklabel gpt，如图 7-13 所示。

```
[root@localhost ~]# parted -s /dev/sdb  mklabel gpt
[root@localhost ~]#
[root@localhost ~]# fdisk -l |tail

WARNING: GPT (GUID Partition Table) detected on '/dev/sdb'! The
 Use GNU Parted.


Disk /dev/sdb: 53.7 GB, 53687091200 bytes
255 heads, 63 sectors/track, 6527 cylinders
Units = cylinders of 16065 * 512 = 8225280 bytes
Sector size (logical/physical): 512 bytes / 512 bytes
I/O size (minimum/optimal): 512 bytes / 512 bytes
Disk identifier: 0x00000000

   Device Boot      Start         End      Blocks   Id  System
/dev/sdb1               1        6528    52428799+  ee  GPT
[root@localhost ~]#
```

图 7-13 设置/dev/sdb 为 GPT 格式磁盘

（3）基于 mkfs.ext3 /dev/sdb 格式化磁盘，如图 7-14 所示。

```
[root@localhost ~]# mkfs.ext3 /dev/sdb
mke2fs 1.41.12 (17-May-2010)
/dev/sdb is entire device, not just one partition!
无论如何也要继续? (y,n) y
文件系统标签=
操作系统:Linux
块大小=4096 (log=2)
分块大小=4096 (log=2)
Stride=0 blocks, Stripe width=0 blocks
3276800 inodes, 13107200 blocks
655360 blocks (5.00%) reserved for the super user
第一个数据块=0
Maximum filesystem blocks=4294967296
```

图 7-14 格式/dev/sdb 磁盘

parted 命令行也可以进行分区，如图 7-15 所示，命令如下：

```
parted→select /dev/sdb→mklabel gpt→mkpart primary 0  -1→print
```

```
mkfs.ext3  /dev/sdb1
mount     /dev/sdb1  /data/
```

```
[root@localhost ~]# parted
GNU Parted 2.1
使用 /dev/sda
Welcome to GNU Parted! Type 'help' to view a list of c
(parted) select /dev/sdb
使用 /dev/sdb
(parted)
(parted) mklabel gpt
警告: The existing disk label on /dev/sdb will be dest
lost. Do you want to continue?
是/Yes/否/No? yes
(parted)
(parted) mkpart primary 0 -1
警告: The resulting partition is not properly aligned
忽略/Ignore/放弃/Cancel?
忽略/Ignore/放弃/Cancel? ignore
(parted)
(parted) print
Model: VMware, VMware Virtual S (scsi)
Disk /dev/sdb: 53.7GB
Sector size (logical/physical): 512B/512B
Partition Table: gpt
```

选择 /dev/sdb硬盘

格式类型为GPT

将整块硬盘分为一个分区

打印我们刚分区的磁盘信息

（a）显示 1

```
[root@localhost ~]# mkfs.ext3  /dev/sdb1
mke2fs 1.41.12 (17-May-2010)
Filesystem label=
OS type: Linux
Block size=4096 (log=2)
Fragment size=4096 (log=2)
Stride=0 blocks, Stripe width=0 blocks
1310720 inodes, 5242631 blocks
262131 blocks (5.00%) reserved for the super user
First data block=0
Maximum filesystem blocks=4294967296
160 block groups
32768 blocks per group, 32768 fragments per group
8192 inodes per group
Superblock backups stored on blocks:
        32768, 98304, 163840, 229376, 294912, 819200, 884736, 1605632
```

（b）显示 2

```
[root@localhost ~]#
[root@localhost ~]#
[root@localhost ~]# mount      /dev/sdb1     /data/
[root@localhost ~]#
[root@localhost ~]#
[root@localhost ~]# df -h
Filesystem      Size  Used Avail Use% Mounted on
/dev/sda3        30G  4.8G   23G  18% /
tmpfs           242M     0  242M   0% /dev/shm
/dev/sda1       194M   44M  141M  24% /boot
/dev/sdb1        20G  173M   19G   1% /data
[root@localhost ~]#
[root@localhost ~]#
```

（c）显示 3

图 7-15　parted 工具执行 GPT 格式分区

7.7 mount 命令工具

mount 命令工具主要用于将设备或分区挂载至 Linux 系统目录下。Linux 系统在分区时，也是基于 Mount 机制将/dev/sda 分区挂载至系统目录，将设备与目录挂载之后，Linux 操作系统方可进行文件的存储。

7.7.1 mount 命令参数详解

以下为企业中 mount 命令常用参数详解：

```
mount [-Vh]
mount -a [-fFnrsvw] [-t vfstype]
mount [-fnrsvw] [-o options [,...]] device | dir
mount [-fnrsvw] [-t vfstype] [-o options] device dir
#参数如下
-V                      #显示 mount 工具版本号
-l                      #显示已加载的文件系统列表
-h                      #显示帮助信息并退出
-v                      #输出指令执行的详细信息
-n                      #加载没有写入文件/etc/mtab 中的文件系统
-r                      #将文件系统加载为只读模式
-a                      #加载文件/etc/fstab 中配置的所有文件系统
-o                      #指定 mount 挂载扩展参数,常见扩展指令有 rw、remount、
                        #loop 等,其中-o 相关指令如下
-o atime                #系统会在每次读取文档时更新文档时间
-o noatime              #系统会在每次读取文档时不更新文档时间
-o defaults             #使用预设的选项 rw、suid、dev、exec、auto、nouser 等
-o exec                 #允许执行档被执行
-o user、-o nouser      #使用者可以执行 mount/umount 的动作
-o remount              #将已挂载的系统分区重新以其他模式再次挂载
-o ro                   #只读模式挂载
-o rw                   #可读可写模式挂载
-o loop                 #使用 loop 模式,把文件当成设备挂载至系统目录
-t                      #指定 mount 挂载设备类型,常见类型有 nfs、ntfs-3g、vfat、
                        #iso9660 等,其中-t 相关指令如下
iso9660                 #光盘或光盘镜像
msdos                   #Fat16 文件系统
vfat                    #Fat32 文件系统
```

```
ntfs                                 #NTFS 文件系统
ntfs-3g                              #识别移动硬盘格式
smbfs                                #挂载 Windows 文件网络共享
nfs                                  #UNIX/Linux 文件网络共享
```

7.7.2 企业常用 mount 案例

mount 常用案例演示如下：

```
mount  /dev/sdb1  /data                     #挂载/dev/sdb1 分区至/data/目录
mount  /dev/cdrom  /mnt                     #挂载 Cdrom 光盘至/mnt 目录
mount  -t ntfs-3g  /dev/sdc  /data1         #挂载/dev/sdc 移动硬盘至/data1 目录
mount  -o remount,rw  /                     #重新以读写模式挂载/系统
mount  -t  iso9660  -o loop  centos7.iso /mnt  #将 CentOS 7.ISO 镜像文件挂载
                                               #至/mnt 目录
mount  -t fat32  /dev/sdd1       /mnt          #将 U 盘/dev/sdd1 挂载至/mnt/目录
mount  -t nfs 192.168.1.11:/data/  /mnt        #将远程 192.168.1.11:/data 目录挂
                                               #载至本地/mnt 目录
```

7.8 Linux 硬盘故障修复

企业服务器运维中，经常会发现操作系统的分区变成只读文件系统，错误提示信息为“Read-only file system”，导致只能读取，无法写入新文件、新数据等。

造成该问题的原因包括磁盘老旧、长期大量的读写、文件系统文件被破坏、磁盘碎片文件、异常断电、读写中断等。

以企业 CentOS 7 Linux 为案例来介绍修复文件系统，步骤如下。

（1）远程备份本地其他重要数据。出现只读文件系统，需先备份其他重要数据。基于 rsync|scp 远程备份，其中/data 为源目录，/data/backup/2021/为目标备份目录：

```
rsync  -av  /data/     root@192.168.111.188:/data/backup/2021/
```

（2）可以重新挂载系统，挂载命令如下，测试文件系统是否可以写入文件。

```
mount  -o  remount,rw  /
```

（3）如果重新挂载系统无法解决问题，则需重启服务器。以 CD/DVD 光盘引导进入 Linux Rescue 修复模式，如图 7-16 所示，选择 Troubleshooting，按 Enter 键，然后选择 Rescue a CentOS system，按 Enter 键。

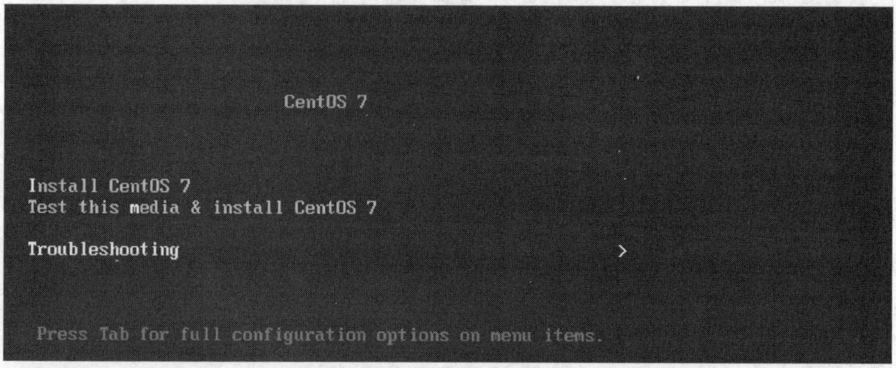

```
CentOS 7

Install CentOS 7
Test this media & install CentOS 7

Troubleshooting                                   >

Press Tab for full configuration options on menu items.
```

（a）显示 1

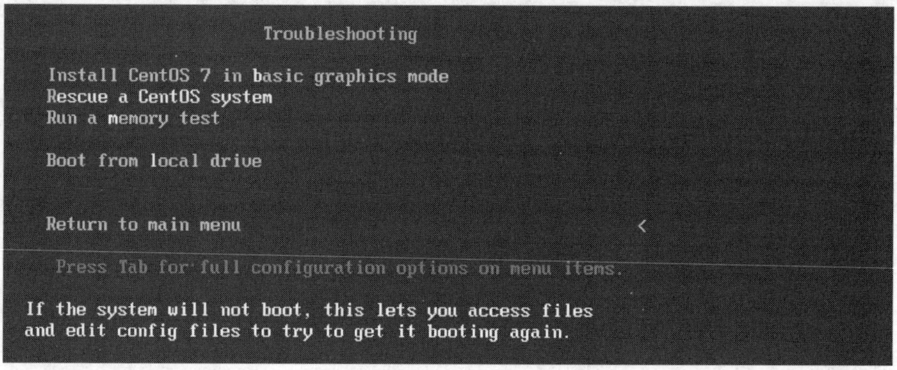

```
Troubleshooting

Install CentOS 7 in basic graphics mode
Rescue a CentOS system
Run a memory test

Boot from local drive

Return to main menu                               <

Press Tab for full configuration options on menu items.

If the system will not boot, this lets you access files
and edit config files to try to get it booting again.
```

（b）显示 2

图 7-16　光盘引导进入修复模式

（4）选择“1）Continue”继续操作，如图 7-17 所示。

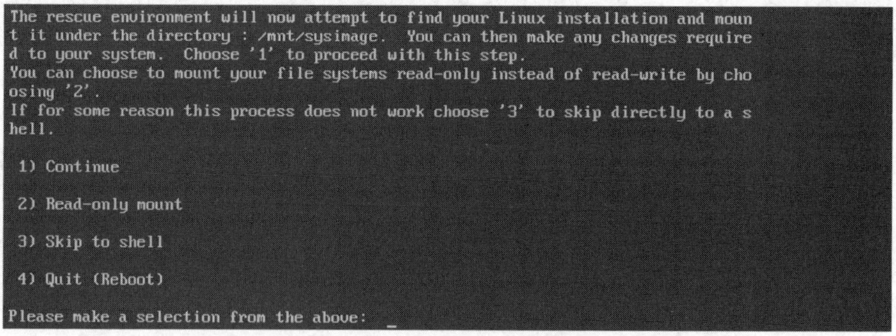

```
The rescue environment will now attempt to find your Linux installation and moun
t it under the directory : /mnt/sysimage.  You can then make any changes require
d to your system.  Choose '1' to proceed with this step.
You can choose to mount your file systems read-only instead of read-write by cho
osing '2'.
If for some reason this process does not work choose '3' to skip directly to a s
hell.

 1) Continue

 2) Read-only mount

 3) Skip to shell

 4) Quit (Reboot)

Please make a selection from the above: _
```

图 7-17　选择“1）Continue”继续进入系统

（5）登录修复模式，执行以下命令，df　-h 显示原来的文件系统，如图 7-18 所示。

```
chroot    /mnt/sysimage
df  -h
```

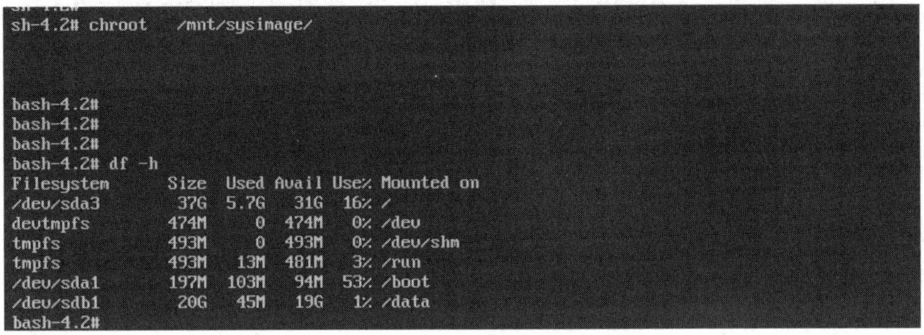

```
sh-4.2# chroot   /mnt/sysimage/


bash-4.2#
bash-4.2#
bash-4.2#
bash-4.2# df -h
Filesystem      Size  Used Avail Use% Mounted on
/dev/sda3        37G  5.7G   31G  16% /
devtmpfs        474M     0  474M   0% /dev
tmpfs           493M     0  493M   0% /dev/shm
tmpfs           493M   13M  481M   3% /run
/dev/sda1       197M  103M   94M  53% /boot
/dev/sdb1        20G   45M   19G   1% /data
bash-4.2#
```

图 7-18　切换原分区目录

（6）对有异常的分区进行检测并修复，根据文件系统类型，执行相应的命令如下：

```
umount    /dev/sda3
fsck.ext4   /dev/sda3     -y
```

（7）修复完成后重启系统即可：

```
reboot
```

7.9　本章小结

通过对本章内容的学习，读者应掌握 Linux 硬盘内部结构、Block 及 Inode 特性，能够对企业硬盘进行分区、格式化等操作，满足企业的日常需求。

基于 mount 工具，能对硬盘、各类文件系统进行挂载操作，同时对只读文件系统能快速修复并投入使用。

7.10　同步作业

1. 软链接与硬链接的区别是什么？

2. 有一块 4TB 的移动硬盘，如何将数据复制至服务器/data/目录？服务器空间为 10TB，请写出详细步骤。

3. 运维部小刘发现公司 IDC 机房一台 DELL R730 服务器中/data/目录不可写，而/boot 目录可读可写。请问：原因是什么？如何修复/data/目录？

4. 公司一台 DELL R730 服务器/data/images 目录存放了大量的小文件，运维人员向该目录写入 1MB 测试文件，提示磁盘空间不足，而通过 df -h 命令查询显示剩余可用空间为 500GB，请问：是什么原因导致？如何解决该问题？

5. 机房一台 DELL R730 服务器，由于业务需求，临时重启，重启 20min 后还无法登录系统。检查控制台输出，一直卡在 MySQL 服务启动项。请问：如何快速解决该问题让系统正常启动？请写出解决步骤。

第 8 章 NTP 服务器企业实战

8.1 NTP 服务简介

NTP（Network Time Protocol，网络时间协议）是用来同步网络中各计算机的时间的协议。NTP 服务器用于局域网服务器时间同步，可以保证局域网所有的服务器与时间服务器的时间一致，某些应用对时间实时性要求高，必须统一时间。

在计算机的世界里，时间非常重要。例如，火箭发射对时间的统一性和准确性要求就非常高，是按照 A 这台计算机的时间，还是按照 B 这台计算机的时间？NTP 就是用来解决这个问题的。

NTP 的用途是把计算机的时钟同步到世界协调时 UTC，其精度在局域网内可达 0.1ms，在互联网上绝大多数的地方其精度可为 1～50ms。

NTP 可以使计算机对其服务器或时钟源（如石英钟、GPS 等）进行时间同步，它可以提供高精准度的时间校正，还可以使用加密确认的方式来防止病毒的协议攻击。

互联网的时间服务器也有很多，例如，上海交通大学的 NTP 即免费提供互联网时间同步。

8.2 NTP 服务器配置

（1）安装 NTP 软件包。

命令如下：

```
yum install ntp ntpdate -y
```

（2）修改 ntp.conf 配置文件。

```
cp  /etp/ntp.conf /etc/ntp.conf.bak
```

切换至目录/etc/ntp.conf，修改以下两行命令，把#号删除即可：

```
server 127.127.1.0     # local clock
fudge  127.127.1.0 stratum 10
```

（3）以守护进程启动 ntpd。

命令如下：

```
service ntpd restart
```

（4）客户端配置同步时间，增加一行，在每天的 6 点 10 分与时间同步服务器进行同步。

命令如下：

```
crontab -e
10 06 * * * /usr/sbin/ntpdate ntp-server的ip >>/usr/local/logs/crontab/
ntpdate.log
```

8.3 NTP 配置文件

命令如下：

```
driftfile /var/lib/ntp/drift
restrict default kod nomodify notrap nopeer noquery
restrict -6 default kod nomodify notrap nopeer noquery
restrict 127.0.0.1
restrict -6 ::1
server  127.127.1.0     # local clock
fudge   127.127.1.0 stratum 10
includefile /etc/ntp/crypto/pw
keys /etc/ntp/keys
```

8.4 NTP 参数详解

参数详解如下：

```
restrict default ignore             #关闭所有的 NTP 要求封包
restrict 127.0.0.1                  #开启内部递归网络接口 lo
```

```
restrict 192.168.0.0 mask 255.255.255.0 nomodify   #在内部子网里面的客户端可
                                                   #以进行网络校时,但不能修改
                                                   #NTP 服务器的时间参数
server 198.168.0.111                #198.168.0.111 作为上级时间服务器参考
restrict 198.168.0.111              #开放 server 访问 ntp 服务的权限
driftfile /var/lib/ntp/drift        #与上级时间服务器联系时所花费的时间,记录在
                                    #driftfile 参数后面的文件内
broadcastdelay 0.008                #广播延迟时间
```

第9章 DHCP 服务器企业实战

9.1 DHCP 服务简介

动态主机配置协议（Dynamic Host Configuration Protocol，DHCP）是一个局域网的网络协议，使用 UDP 工作，主要用途为给内部网络或网络服务供应商自动分配 IP 地址。DHCP 有 3 个端口，其中 UDP67 和 UDP68 为正常的 DHCP 服务端口，分别作为 DHCP Server 和 DHCP Client 的服务端口。

DHCP 可以部署于服务器、交换机或者服务器，可以控制一段 IP 地址范围，客户机登录服务器时就可以自动获得 DHCP 服务器分配的 IP 地址和子网掩码。其中。DHCP 所在服务器需要安装 TCP/IP 协议，需要设置静态 IP 地址、子网掩码和默认网关。

9.2 DHCP 服务器配置

（1）安装 DHCP 软件包。

命令如下：

```
yum  install  dhcp dhcp-devel -y
```

（2）修改 DHCP 配置文件。

命令如下：

```
ddns-update-style interim;
ignore client-updates;
next-server  192.168.0.79;
```

```
filename "pxelinux.0";
allow booting;
allow bootp;
subnet 192.168.0.0 netmask 255.255.255.0 {
# --- default gateway
option routers            192.168.0.1;
option subnet-mask        255.255.252.0;
#   option nis-domain         "domain.org";
#  option domain-name "192.168.0.10";
#   option domain-name-servers  192.168.0.11;
#   option ntp-servers        192.168.1.1;
#   option netbios-name-servers  192.168.1.1;
# --- Selects point-to-point node (default is hybrid). Don't change this unless
# -- you understand Netbios very well
#   option netbios-node-type 2;
range  dynamic-bootp  192.168.0.100 192.168.0.200;
host ns {
hardware ethernet  00:1a:a0:2b:38:81;
fixed-address 192.168.0.101;}
}
```

9.3 DHCP 参数详解

DHCP 参数详解如表 9-1 所示。

表 9-1 DHCP参数详解

选　　项	解　　释
ddns-update-style (interim/ad-hoc/none)	用于设置DHCP服务器与DNS服务器的动态信息更新模式：interim为DNS互动更新模式，ad-hoc为特殊DNS更新模式，none为不支持动态更新模式
next-server ip	pxeclient远程安装系统，指定tftp server 地址
filename	开始启动文件的名称，应用于无盘安装，可以是tftp的相对或绝对路径
ignore client-updates	为忽略客户端更新
subnet-mask	为客户端设定子网掩码
option routers	为客户端指定网关地址
domain-name	为客户端指明DNS名字
domain-name-servers	为客户端指明DNS服务器的IP地址

续表

选　　项	解　　释
host-name	为客户端指定主机名称
broadcast-address	为客户端设定广播地址
ntp-server	为客户端设定网络时间服务器的IP地址
time-offset	为客户端设定格林尼治标准时间的偏移时间，单位是秒

9.4 客户端使用

客户端要从该 DHCP 服务器获取 IP，需要做如下设置。

（1）Linux 操作系统设置：

vim /etc/sysconfig/network-scritps/ifcfg-eth0 中 BOOTPROTO 值修改为 dhcp。

（2）Windows 操作系统设置：

需要修改本地连接，将其设置成自动获取 IP 即可。

第 10 章　Samba 服务器企业实战

10.1　Samba 服务器简介

Samba 是在 Linux 和 UNIX 系统上实现信息服务块（Server Messages Block，SMB）协议的一个免费软件，由服务器及客户端程序构成，SMB 是一种在局域网上共享文件和打印机的通信协议，它为局域网内的不同计算机之间提供文件及打印机等资源的共享服务。

SMB 协议是客户机/服务器型协议，客户机通过该协议可以访问服务器上的共享文件系统、打印机及其他资源。通过设置“NetBIOS over TCP/IP”使 Samba 不但能与局域网络主机分享资源，还能与全世界的电脑分享资源。

10.2　Samba 服务器配置

（1）安装 Samba 软件包。

命令如下：

```
yum install  samba -y
```

（2）配置文件修改。

命令如下：

```
cp /etc/samba/smb.conf /etc/samba/smb.conf.bak ;egrep -v "#|^$" /etc/samba/
smb.conf.bak |grep -v "^;" >/etc/samba/smb.conf
```

（3）Smb.conf 配置文件。

命令如下：

```
[global]
        workgroup=MYGROUP
        server string=Samba Server Version %v
        security=share
        passdb backend=tdbsam
        load printers=yes
        cups options=raw

[temp]
     comment=Temporary file space
     path=/tmp
     read only=no
     public=yes
[data]
     comment=Temporary file space
     path=/data
     read only=no
     public=yes
```

（4）根据需求修改之后重启服务。

命令如下：

```
service smb restart
Shutting down SMB services:                                     [FAILED]
Shutting down NMB services:                                     [FAILED]
Starting SMB services:                                          [  OK  ]
Starting NMB services:                                          [  OK  ]
```

10.3 Samba 参数详解

Samba 参数详解如表 10-1 所示。

表 10-1 Samba参数详解

选 项	解 释
workgroup =	WORKGROUP设Samba Server所要加入的工作组或者域
server string = Samba Server Version %v	Samba Server的注释，可以是任何字符串，也可以不填。宏%v表示显示Samba的版本号

续表

选　　项	解　　释
security = user	1．share：用户访问Samba Server不需要提供用户名和口令，安全性能较低 2．user：Samba Server共享目录只能被授权的用户访问，由Samba Server负责检查账号和密码的正确性。账号和密码要在本Samba Server中建立 3．server：依靠其他Windows NT/2000或Samba Server来验证用户的账号和密码，是一种代理验证。此种安全模式下，系统管理员可以把所有的Windows用户和口令集中到一个NT系统上，使用Windows NT进行Samba认证，远程服务器可以自动认证全部用户和口令，如果认证失败，Samba将使用用户级安全模式作为替代的方式 4．domain：域安全级别，使用主域控制器(PDC)来完成认证
comment = test	是对该共享的描述，可以是任意字符串
path = /home/test	共享目录路径
browseable= yes/no	用来指定该共享是否可以浏览
writable = yes/no	用来指定该共享路径是否可写
available = yes/no	用来指定该共享资源是否可用
admin users = admin	该共享的管理者
valid users = test	允许访问该共享的用户
invalid users = test	禁止访问该共享的用户
write list = test	允许写入该共享的用户
public = yes/no	public用来指定该共享是否允许guest账户访问

客户端访问 Samba。打开 Windows 资源管理器，输入\\192.168.149.128（SMB 文件共享服务端 IP），如图 10-1 所示。

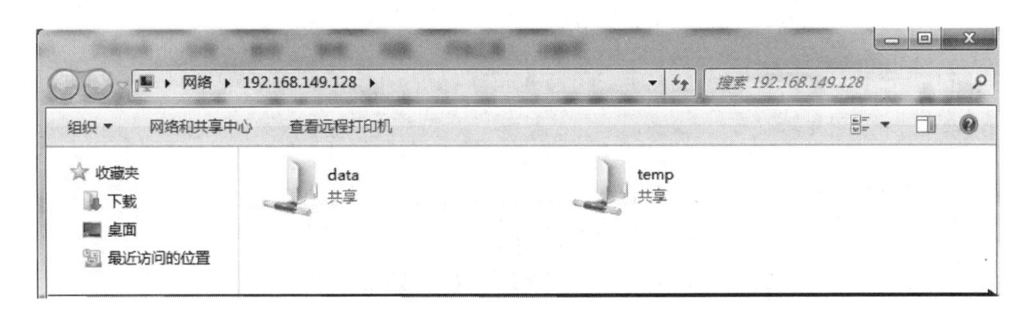

图 10-1　访问 Samba 文件共享

第 11 章　rsync 服务器企业实战

rsync 是 UNIX/Linux 系统下的一款应用软件，利用它可以使多台服务器数据保持同步一致性，第一次同步时 rsync 会复制全部内容，但在下一次只传输修改过的文件。

rsync 在传输数据过程中可以实行压缩及解压缩操作，因此可以使用更少的带宽。可以很容易做到保持原来文件的权限、时间、软硬链接等。

11.1　rsync 服务端配置

（1）源码部署安装 rsync 服务。

命令如下：

```
wget  http://rsync.samba.org/ftp/rsync/src/rsync-3.0.7.tar.gz
tar  xzf  rsync-3.0.7.tar.gz
cd rsync-3.0.7
./configure --prefix=/usr/local/rsync
make
make install
```

（2）创建配置文件。

配置内容如下：

```
vi /etc/rsyncd.conf
#########
[global]
uid=nobody
gid=nobody
use chroot=no
max connections=30
```

```
pid file=/var/run/rsyncd.pid
lock file=/var/run/rsyncd.lock
log file=/var/log/rsyncd.log
transfer logging=yes
log format=%t %a %m %f %b
syslog facility=local3
timeout=300
[www]
read only=yes
path=/usr/local/webapps
comment=www
auth users=test
secrets file=/etc/rsync.pas
hosts allow=192.168.0.11,192.168.0.12
[web]
read only=yes
path=/data/www/web
comment=web
auth users=test
secrets file=/etc/rsync.pas
hosts allow=192.168.0.11,192.168.0.0/24
```

（3）rsync 配置参数含义。

命令如下：

```
[www]                                        #要同步的模块名
path=/usr/local/webapps                      #要同步的目录
comment=www                                  #注释,解释模块用于做什么备份
read only=no                                 #no 客户端可上传文件,yes 只读
write only=no                                #no 客户端可下载文件,yes 不能下载
list=yes                                     #是否提供资源列表
auth users=test                              #登录系统使用的用户名,默认为匿名
hosts allow=192.168.0.10,192.168.0.20        #本模块允许通过的 IP 地址
hosts deny=192.168.0.4                       #禁止主机 IP
secrets file=/etc/rsync.pas                  #密码文件存放的位置
```

（4）启动服务器端 rsync 服务，默认监听端口 TCP 873。

命令如下：

```
/usr/local/rsync/bin/rsync  --daemon
```

（5）设置 rsync 服务器端同步密钥，文件内容 username:userpasswd（表示用户名：密码）。

命令如下：

```
vi  /etc/rsync.pas
```

```
jfedu:jfedu999
```

保存完毕，chmod 600 /etc/rsync.pas 设置权限为宿主用户读写。

（6）设置客户端配置同步密钥，文件内容 userpasswd（表示密码）。

命令如下：

```
vi  /etc/rsync.pas
jfedu999
```

（7）客户端执行同步命令，从服务端同步数据至本地。

命令如下：

```
rsync -aP --delete jfedu@192.168.0.100::www /usr/local/webapps
--password-file=/etc/rsync.pas
rsync -aP --delete jfedu@192.168.0.100::web  /data/www/web
--password-file=/etc/rsync.pas
```

注：/usr/local/webapps 为客户端的目录，@前 jfedu 是认证的用户名；IP 后面 www 为 rsync 服务器端的模块名称。

11.2 rsync 参数详解

rsync 参数详解如表 11-1 所示。

表 11-1 rsync参数详解

选　项	解　释
-a, --archive	归档模式，表示以递归方式传输文件，并保持所有文件属性
--exclude=PATTERN	指定排除一个不需要传输的文件匹配模式
--exclude-from=FILE	从 FILE 中读取排除规则
--include=PATTERN	指定需要传输的文件匹配模式
--delete	删除尚在接收端而发送端已经不存在的文件
-P	等价于--partial --progress
-v, --verbose	详细输出模式
-q, --quiet	精简输出模式
--rsyncpath=PROGRAM	指定远程服务器上的rsync命令所在路径
--password-file=FILE	从 FILE 中读取口令，以避免在终端上输入口令，通常在 cron 中连接 rsync 服务器时使用

11.3 rsync 基于 SSH 同步

除可以使用 rsync 密钥进行同步外，还有一个比较简单的同步方法，就是基于 linux ssh 同步。具体方法如下：

```
rsync -aP --delete root@192.168.0.100:/data/www/webapps /data/www/webapps
```

如果需要每次同步不输入密码，则需要设置 Linux 主机之间免密码登录。

11.4 rsync 基于 sersync 实时同步

在企业日常 Web 应用中，某些特殊的数据需要保持与服务器端实时同步，应该如何配置，如何实现？这里可以采用 rsync+sersync 来实现需求。

同步原理：在同步服务器上开启 sersync 服务。sersync 负责监控配置路径中的文件系统事件变化，文件目录一旦发生变化，则调用 rsync 命令把更新的文件同步到目标服务器。

命令详解如下：

```
#数据推送端（sersync）：192.168.75.121
#数据接收端（rsync）：192.168.75.122
#部署 rsync
yum install rsync -y
#修改配置文件
vim /etc/rsyncd.conf
# /etc/rsyncd: configuration file for rsync daemon mode
# See rsyncd.conf man page for more options
#rsync 数据同步用户
uid=root
gid=root
#rsync 服务端口，默认是 873，可以省略不写
port=873
#安全设置，限制软连接，如果设置为 no，则文件同步到远程服务器后，会在链接文件前面增加一个
#目录，使链接文件失效，设置为 yes 则表示不加目录
use chroot=yes
#最大链接数
max connections=100
#进程 pid 文件
pid file=/var/run/rsyncd.pid
#排除指定目录
exclude=lost+found/
```

```
#开启日志,默认在系统日志中记录
transfer logging=yes
#超时时间
timeout=900
#忽略不可读的文件,如果上面的用户对于同步的文件没有可读权限,则不同步
ignore nonreadable=yes
#不压缩指定文件
dont compress=*.gz *.tgz *.zip *.z *.Z *.rpm *.deb *.bz2
#允许同步的服务器
hosts allow=192.168.75.122
#不允许同步的服务器
hosts deny=*
#关闭只读权限(默认只能将本机文件同步至远程服务器,关闭后可以拉取远程服务器内容到本机)
read  only=false
#模块
[web]
        #本机存放同步文件目录
        path=/data/web
        #注释目录作用
        comment=nginx web data
        #用于同步的用户(虚拟用户)
        auth users=rsync
        #用户认证文件
        secrets file=/etc/rsync.passwd

#创建存放数据的目录
mkdir -p /data/web
#创建认证文件
echo "rsync:123456" > /etc/rsync.passwd
#设置文件权限
chmod 600 /etc/rsync.passwd
#启动服务
systemctl start rsyncd
#部署 sersync
#解压包
tar xf sersync2.5.4_64bit_binary_stable_final.tar.gz
#移到/usr/local/目录下
mv GNU-Linux-x86/ /usr/local/sersync
#备份配置文件
[root@www-jfedu-net ~]#  cd /usr/local/sersync/
[root@www-jfedu-net sersync]# cp confxml.xml confxml.xml.bak
#修改配置文件
<?xml version="1.0" encoding="ISO-8859-1"?>
<head version="2.5">
```

```
    <!--为插件设置的 IP:PORT,与同步没有太大关系-->
    <host hostip="localhost" port="8008"></host>
    <!--是否开启调式模式,默认关闭,如果开启,则进行文件同步时,终端会输出同步的命令-->
    <debug start="false"/>
    <!--如果文件系统是 xfs,则需要开启,否则会出问题,例如卡机等状况-->
    <fileSystem xfs="true"/>
    <!--设置过滤规则,默认是关闭,关闭表示所有文件都同步,如果设置为 true,则可以根据设置
的正则表达式过滤不需要同步的文件-->
    <filter start="false">
        <exclude expression="(.*)\.svn"></exclude>
        <exclude expression="(.*)\.gz"></exclude>
        <exclude expression="^info/*"></exclude>
        <exclude expression="^static/*"></exclude>
    </filter>
    <inotify>
        <delete start="true"/>
        <createFolder start="true"/>
        <createFile start="false"/>
        <closeWrite start="true"/>
<moveFrom start="true"/>
        <moveTo start="true"/>
        <attrib start="false"/>
        <modify start="false"/>
    </inotify>
    <!--sersync 命令的配置信息-->
    <sersync>
    <!--设置监控的目录,该目录是本地要进行同步的目录,如果要监控多个目录,可以创建多个
xml 配置文件,启动多个 sersync 服务-->
        <localpath watch="/tmp">
        <!--设置远程服务器的 IP 与 rsync 配置文件中同步的模块,web 即为模块名-->
            <remote ip="192.168.75.122" name="web"/>
            <!--<remote ip="192.168.8.39" name="tongbu"/>-->
            <!--<remote ip="192.168.8.40" name="tongbu"/>-->
        </localpath>
        <!--rsync 命令的配置信息-->
        <rsync>
          <!--默认参数,t 保留文件时间属性,u 源文件比备份文件新则执行,z 传输压缩-->
            <commonParams params="-artuz"/>
            <!--开启认证(默认不开启,需将 false 改为 true),然后指定认证的文件-->
<auth start="true" users="rsync" passwordfile="/etc/rsync.passwd"/>
            <!--设置自定义端口,默认关闭-->
            <userDefinedPort start="false" port="874"/><!-- port=874 -->
            <!--设置超时时间,默认为 100s-->
            <timeout start="true" time="100"/><!-- timeout=100 -->
```

```
            <!--使用 ssh 协议进行传输,关闭前面的 auth 认证,并将 name 改为路径,不是模
块名,远程服务器不需要启动 rsync 服务-->
            <ssh start="false"/>
         </rsync>
        <failLog path="/tmp/rsync_fail_log.sh" timeToExecute="60"/><!--default
every 60mins execute once-->
        <!--是否开启计划任务,默认关闭(false),开启则表示每过 600min 进行一次全同步-->
         <crontab start="true" schedule="600"><!--600mins-->
         <!--因为是全同步,所以如果前面有开启过滤文件功能,这里也应该开启,否则会将不应该
同步的文件也进行同步,默认为不开启(false),如果开启,下面设置的过滤规则尽量与上面的过滤
规则保持一致-->
            <crontabfilter start="false">
               <exclude expression="*.php"></exclude>
               <exclude expression="info/*"></exclude>
            </crontabfilter>
         </crontab>
               <plugin start="false" name="command"/>
    </sersync>
     </head>
#启动 sersync
/usr/local/sersync/sersync2 -d -r -o /usr/local/sersync/confxml.xml
-d                                  #daemon 模式,后台运行
-r                                  #全同步
-o                                  #指定启动的配置文件
#查看进程
ps -ef |grep sersync
root      75488      1  0 01:04 ?       00:00:00 /usr/local/sersync/sersync2
-d -r -o /usr/local/sersync/confxml.xml
root      75503  74825  0 01:05 pts/5    00:00:00 grep --color=auto sersync
#创建认证文件
echo "123456" > /etc/rsync.passwd
#设置为其他人不可读
chmod 600  /etc/rsync.passwd
```

11.5 rsync 基于 inotify 实时同步

inotify 是一种文件变化通知机制，它监控文件系统操作，如读取、写入和创建。inotify 反应灵敏，用法非常简单且高效。

rsync 安装完毕，需要安装 inotify 文件检查软件。同时为了同步时不需要输入密码，可以使用 ssh 免密钥方式进行同步。

（1）安装 inotify-tools 工具。

命令如下：

```
wget -c https://jaist.dl.sourceforge.net/project/inotify-tools/inotify-tools/3.13/inotify-tools-3.13.tar.gz
tar -xzf  inotify-tools-3.14.tar.gz
./configure
make
make install
```

（2）配置 auto_inotify.sh 同步脚本。

命令如下：

```
#!/bin/sh
src=/data/webapps/www/
des=/var/www/html/
ip=192.168.0.100
inotifywait -mrq --timefmt '%d/%m/%y-%H:%M' --format '%T %w%f' -e modify,
delete,create,attrib,access,move ${src} | while read file
do
  rsync   -aP   --delete   $src   root@$ip:$des
done
```

（3）服务器端后台运行该脚本，此时服务器端目录新建或者删除，客户端都会实时进行相关操作。

命令如下：

```
nohup  sh  auto_inotify.sh &
```

第 12 章 Linux 文件服务器企业实战

运维和管理企业 Linux 服务器，除了要熟悉 Linux 系统本身的维护和管理之外，最重要的是熟练掌握甚至精通基于 Linux 系统安装配置各种应用软件,能够快速定位并解决软件调整优化及使用过程中遇到的各类问题。

本章将介绍进程、线程、企业 Vsftpd 服务器实战、匿名用户访问、系统用户访问及虚拟用户实战等。

12.1 进程与线程的概念及区别

各种软件和服务存在于 Linux 系统，必然会占用系统资源。系统资源是如何分配及调度的呢？本节将展示系统进程、资源及调度相关的内容。

进程（Process）是计算机中的软件程序关于某数据集合上的运行活动，是系统进行资源分配和调度的基本单位，是操作系统结构的基础。

在早期面向进程设计的计算机结构中，进程是程序的基本执行实体；在当代面向线程设计的计算机结构中，进程是线程的容器。软件程序是对指令、数据及其组织形式的描述，而进程是程序的实体，通常把运行在系统中的软件程序称为进程。

除了进程，还经常听到“线程”的概念。线程也被称为轻量级进程（Lightweight Process，LWP)，是程序执行流的最小单元。一个标准的线程由线程 ID、当前指令指针（PC)、寄存器集合和堆栈组成。

线程是进程中的一个实体，是被系统独立调度和分派的基本单位，线程自己不拥有操作系统资源，但是该线程可与同属进程的其他线程共享该进程所拥有的全部资源。

程序、进程、线程三者区别如下。

（1）程序：不能单独执行，是静止的，只有将程序加载到内存中，系统为其分配资源后才能够执行。

（2）进程：程序对一个数据集的动态执行过程。一个进程包含一个或更多线程，一个线程同时只能被一个进程所拥有。进程是分配资源的基本单位。进程拥有独立的内存单元，而多个线程共享内存，从而提高了应用程序的运行效率。

（3）线程：线程是进程内的基本调度单位，线程的划分尺度小于进程，并发性更高，线程本身不拥有系统资源，但是该线程可与同属进程的其他线程共享该进程所拥有的全部资源。每一个独立的线程，都有一个程序运行的入口、顺序执行序列和程序的出口。

程序、进程和线程的关系拓扑图如图 12-1 所示。

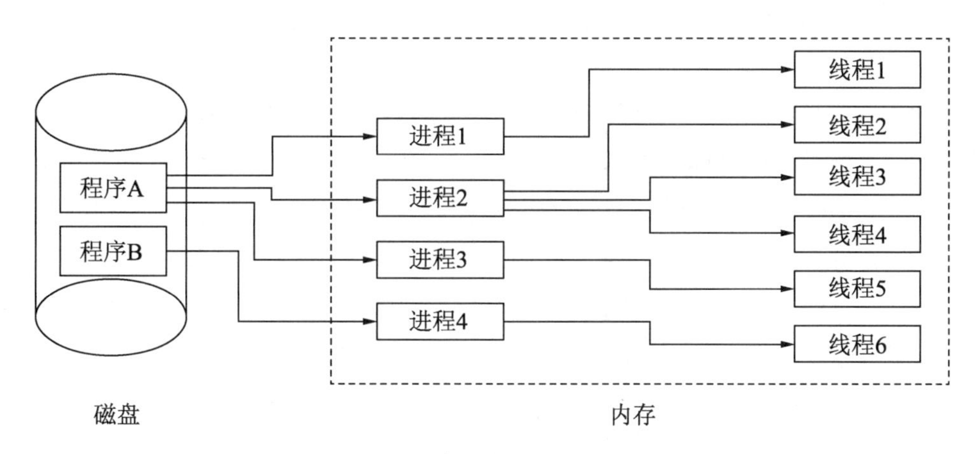

图 12-1　程序、进程和线程关系图

如图 12-1 所示，多进程、多线程的区别如下。

（1）多进程：每个进程互相独立，不影响主程序的稳定性，某个子进程崩溃对其他进程没有影响。通过增加 CPU 可以扩充软件的性能，可以减少线程加锁/解锁的影响，极大地提高性能。缺点是多进程逻辑控制复杂，需要和主程序交互，需要跨进程边界，进程之间上下文切换比线程之间上下文切换代价大。

（2）多线程：无须跨进程，程序逻辑和控制方式简单，所有线程共享该进程的内存和变量等。缺点是每个线程与主程序共用地址空间，线程之间的同步和加锁控制比较麻烦，一个线程的崩溃会影响整个进程或程序的稳定性。

12.2 Vsftpd 服务器企业实战

基于文件传输协议（File Transfer Protocol，FTP），FTP 客户端与服务端可以实现文件共享、文件上传和文件下载。FTP 基于 TCP 协议生成一个虚拟的连接，主要用于控制 FTP 连接信息，同时再生成一个单独的 TCP 连接用于 FTP 数据传输。用户可以通过客户端向 FTP 服务器端上传、下载、删除文件，FTP 服务器端可以同时供多人使用。

FTP 服务是 Client/Server（简称 C/S）模式，基于 FTP 协议实现 FTP 文件对外共享及传输的软件称为 FTP 服务器源端，而客户端程序基于 FTP 协议，称为 FTP 客户端，FTP 客户端可以向 FTP 服务器上传、下载文件。

12.2.1 FTP 传输模式

FTP 基于 C/S 模式，FTP 客户端与服务器端有两种传输模式，分别为 FTP 主动模式和 FTP 被动模式，这两种模式均以 FTP 服务器端为参照，如图 12-2 所示。两种模式详细区别如下。

（1）FTP 主动模式：客户端从一个任意的端口 N（N>1024）连接到 FTP 服务器的 port 21 命令端口，客户端开始监听端口 N+1，并发送 FTP 命令“port N+1”到 FTP 服务器，FTP 服务器以数据端口（20）连接到客户端指定的数据端口（N+1）。

（2）FTP 被动模式：客户端从一个任意的端口 N（N>1024）连接到 FTP 服务器的 port 21 命令端口，客户端开始监听端口 N+1，客户端提交 PASV 命令，服务器会开启任意一个端口（P>1024），并发送 PORT P 命令给客户端。客户端发起从本地端口 N+1 到服务器的端口 P 的连接用来传送数据。

在实际应用中，如果 FTP 客户端与 FTP 服务器端均开放防火墙，FTP 需以主动模式工作，这样只需要在 FTP 服务器端防火墙规则中开放 20、21 端口即可。关于防火墙配置将在后续章节讲解。

12.2.2 Vsftpd 服务器简介

目前主流的 FTP 服务器端软件包括 Vsftpd、ProFTPD、PureFTPd、Wuftpd、Server-U FTP 和 FileZilla Server 等，其中 UNIX/Linux 系统中使用较为广泛的 FTP 服务器端软件为 Vsftpd。

Vsftpd 是非常安全的 FTP 服务进程（Very secure FTP daemon，Vsftpd），在 UNIX/Linux 发行

版中是最主流的 FTP 服务器程序，小巧轻快，安全易用，稳定高效，可满足企业跨部门、多用户的使用。

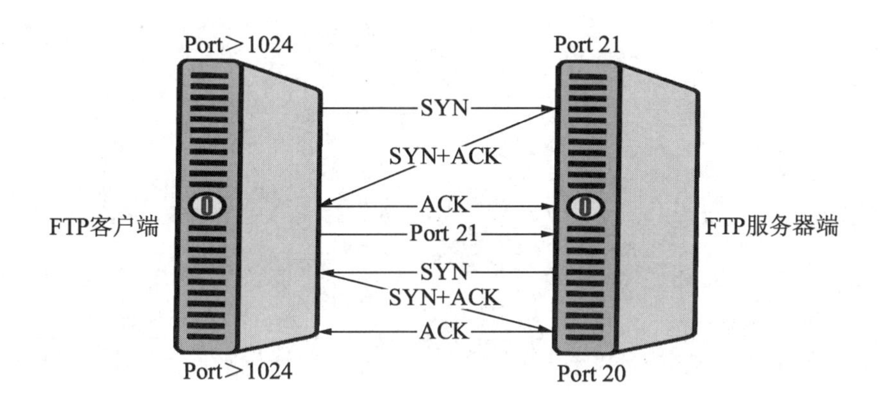

（a）FTP 主动模式

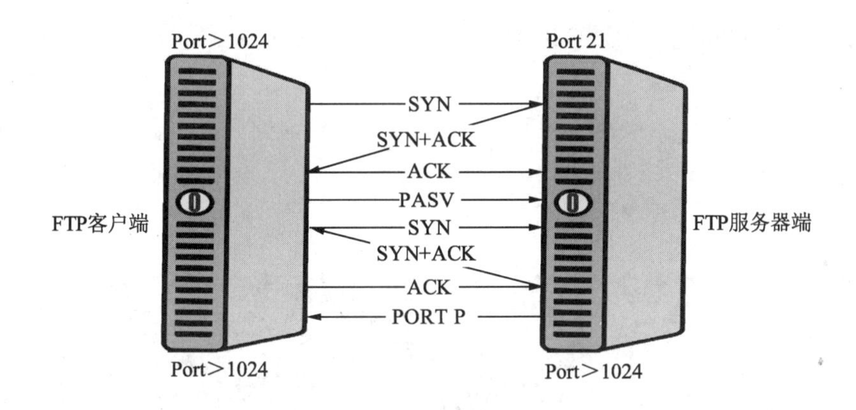

（b）FTP 被动模式

图 12-2　FTP 传输模式

Vsftpd 基于 GPL 开源协议发布，在中小企业中得到广泛应用。Vsftpd 可以快速上手，基于 Vsftpd 虚拟用户方式，访问验证更加安全。Vsftpd 还可以基于 MySQL 数据库做安全验证，提供多重安全防护。

12.2.3　Vsftpd 服务器安装配置

Vsftpd 服务器端安装有两种方法，一是基于 yum 方式安装，二是基于源码编译安装，最终实现效果完全一致。本书采用 yum 安装 Vsftpd，步骤如下。

（1）在命令行执行如下命令，结果如图 12-3 所示。

```
yum   install   vsftpd*   -y
```

```
[root@www-jfedu-net ~]# yum install vsftpd* -y
已加载插件：fastestmirror, product-id, search-disabled-repos, subscrip
This system is not registered with Subscription Management. You can us
base
extras
updates
updates/7/x86_64/primary_db
Loading mirror speeds from cached hostfile
 * base: mirrors.btte.net
 * extras: centos.ustc.edu.cn
 * updates: ftp.jaist.ac.jp
正在解决依赖关系
--> 正在检查事务
---> 软件包 vsftpd.x86_64.0.3.0.2-11.el7_2 将被 升级
---> 软件包 vsftpd.x86_64.0.3.0.2-21.el7 将被 更新
---> 软件包 vsftpd-sysvinit.x86_64.0.3.0.2-21.el7 将被 安装
```

图 12-3　yum 安装 Vsftpd 服务器端

（2）打印 Vsftpd 安装后的配置文件路径、启动 Vsftpd 服务及查看进程是否启动，如图 12-4 所示。命令如下：

```
rpm   -ql   vsftpd|more
systemctl  restart  vsftpd.service
ps  -ef |grep  vsftpd
```

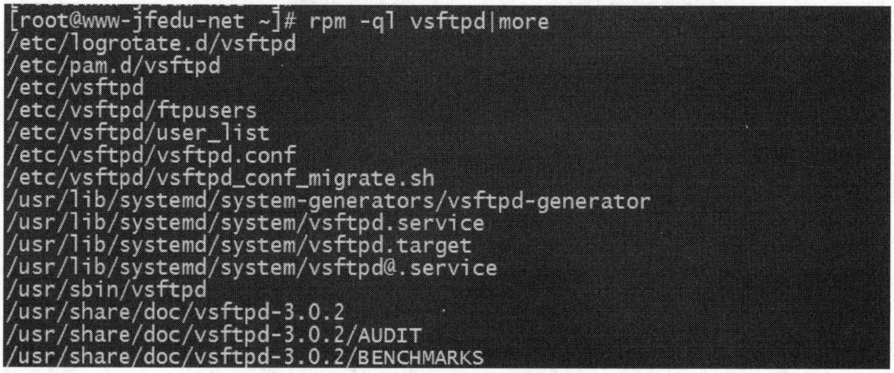

```
[root@www-jfedu-net ~]# rpm -ql vsftpd|more
/etc/logrotate.d/vsftpd
/etc/pam.d/vsftpd
/etc/vsftpd
/etc/vsftpd/ftpusers
/etc/vsftpd/user_list
/etc/vsftpd/vsftpd.conf
/etc/vsftpd/vsftpd_conf_migrate.sh
/usr/lib/systemd/system-generators/vsftpd-generator
/usr/lib/systemd/system/vsftpd.service
/usr/lib/systemd/system/vsftpd.target
/usr/lib/systemd/system/vsftpd@.service
/usr/sbin/vsftpd
/usr/share/doc/vsftpd-3.0.2
/usr/share/doc/vsftpd-3.0.2/AUDIT
/usr/share/doc/vsftpd-3.0.2/BENCHMARKS
```

图 12-4　打印 Vsftpd 软件安装后路径

（3）Vsftpd.conf 默认配置文件详解如下：

```
anonymous_enable=YES            #开启匿名用户访问
local_enable=YES                #启用本地系统用户访问
```

```
write_enable=YES                      #本地系统用户写入权限
local_umask=022                       #本地用户创建文件及目录默认权限掩码
dirmessage_enable=YES                 #打印目录显示信息,通常用于用户第一次访问目录时,
                                      #信息提示
xferlog_enable=YES                    #启用上传/下载日志记录
connect_from_port_20=YES              #FTP 使用 20 端口进行数据传输
xferlog_std_format=YES                #日志文件将根据 xferlog 的标准格式写入
listen=NO                             #Vsftpd 不以独立的服务启动,通过 Xinetd 服务管理,
                                      #建议改成 YES
listen_ipv6=YES                       #启用 IPv6 监听
pam_service_name=vsftpd               #登录 FTP 服务器,根据/etc/pam.d/vsftpd 中的内容
                                      #进行认证
userlist_enable=YES                   #vsftpd.user_list 和 ftpusers 配置文件里用户禁
                                      #止访问 FTP
tcp_wrappers=YES                      #设置 vsftpd 与 tcp wrapper 结合进行主机的访问控
                                      #制,Vsftpd 服务器检查/etc/hosts.allow 和/etc/
                                      #hosts.deny 中的设置,来决定请求连接的主机是否
                                      #允许访问该 FTP 服务器
```

（4）启动 Vsftpd 服务后，通过 Windows 客户端资源管理器访问 Vsftpd 服务器端，如图 12-5 所示。命令如下：

```
ftp://192.168.111.131/
```

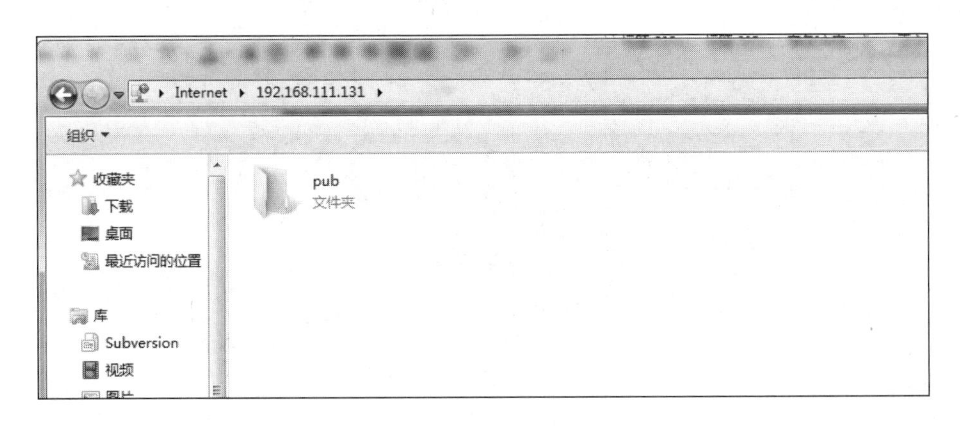

图 12-5　匿名用户访问 FTP 默认目录

FTP 默认为主动模式，设置为被动模式使用端口方法如下：

```
pasv_enable=YES
pasv_min_port=60000
pasv_max_port=60100
```

12.2.4 Vsftpd 匿名用户配置

Vsftpd 默认以匿名用户访问，匿名用户默认访问的 FTP 服务器端路径为/var/ftp/pub，匿名用户只有查看权限，无法创建、删除、修改文件。如需关闭 FTP 匿名用户访问，需修改配置文件/etc/vsftpd/vsftpd.conf，将 anonymous_enable=YES 修改为 anonymous_enable=NO，然后重启 Vsftpd 服务即可。

如希望允许匿名用户上传、下载、删除文件，需在/etc/vsftpd/vsftpd.conf 配置文件中加入以下代码：

```
anon_upload_enable=YES                        #允许匿名用户上传文件
anon_mkdir_write_enable=YES                   #允许匿名用户创建目录
anon_other_write_enable=YES                   #允许匿名用户其他写入权限
```

匿名用户完整 vsftpd.conf 配置文件代码如下：

```
anonymous_enable=YES
local_enable=YES
write_enable=YES
local_umask=022
anon_upload_enable=YES
anon_mkdir_write_enable=YES
anon_other_write_enable=YES
dirmessage_enable=YES
xferlog_enable=YES
connect_from_port_20=YES
xferlog_std_format=YES
listen=NO
listen_ipv6=YES
pam_service_name=vsftpd
userlist_enable=YES
tcp_wrappers=YES
```

由于默认 Vsftpd 匿名用户有 anonymous 和 FTP 两种，所以匿名用户如果需要上传文件、删除及修改等权限，需要 FTP 用户对/var/ftp/pub 目录有写入权限，使用 chown 和 chmod 中任意一种均可。设置命令如下：

```
chown   -R  ftp    pub/
chmod       o+w    pub/
```

vsftpd.conf 配置文件配置完毕，同时权限设置完成，重启 Vsftpd 服务即可。匿名用户通过

Windows 客户端访问，能够进行上传文件、删除文件、创建目录等操作，如图 12-6 所示。

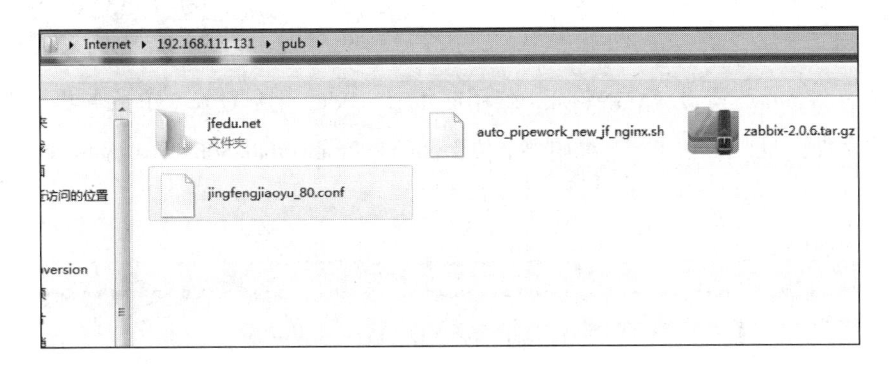

图 12-6 匿名用户访问上传文件

12.2.5 Vsftpd 系统用户配置

Vsftpd 匿名用户设置完毕，任何人（包括匿名用户）都可以查看、修改、删除 FTP 服务器端的文件和目录。此方案如用于存放私密文件在 FTP 服务器端，如何保证文件或者目录专属于拥有者呢？Vsftpd 系统用户方式验证可以实现该需求。

实现 Vsftpd 系统用户方式验证，只需在 Linux 系统中创建多个用户即可。使用 useradd 命令创建用户，同时为用户设置密码，即可通过用户和密码登录 FTP，进行文件上传、下载、删除等操作。Vsftpd 系统用户实现方法步骤如下。

（1）在 Linux 系统中创建系统用户 jfedu1、jfedu2，分别设置密码为 123456：

```
useradd  jfedu1
useradd  jfedu2
echo 123456|passwd --stdin  jfedu1
echo 123456|passwd --stdin  jfedu2
```

（2）修改 vsftpd.conf 配置文件代码如下：

```
anonymous_enable=NO
local_enable=YES
write_enable=YES
local_umask=022
dirmessage_enable=YES
xferlog_enable=YES
connect_from_port_20=YES
xferlog_std_format=YES
listen=NO
```

```
listen_ipv6=YES
pam_service_name=vsftpd
userlist_enable=YES
tcp_wrappers=YES
```

（3）通过 Windows 资源客户端验证，使用 jfedu1、jfedu2 用户登录 FTP 服务器，即可上传、删除、下载文件，jfedu1、jfedu2 系统用户上传文件的家目录在/home/jfedu1、/home/jfedu2 下，如图 12-7 所示。

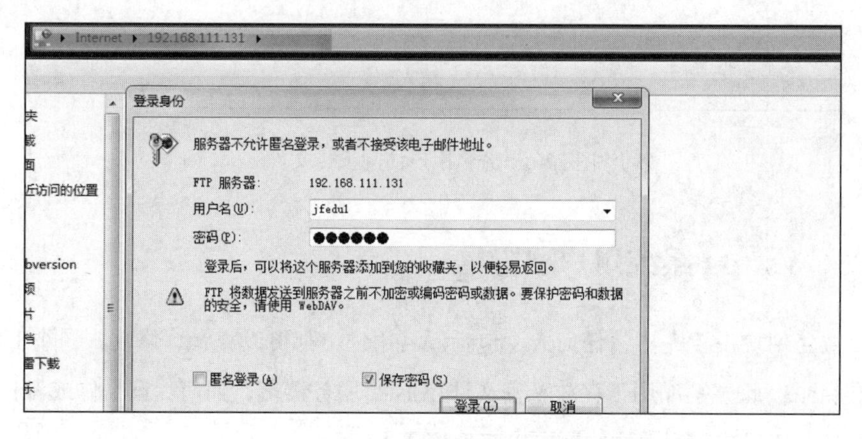

（a） jfedu1 用户登录 FTP 服务器

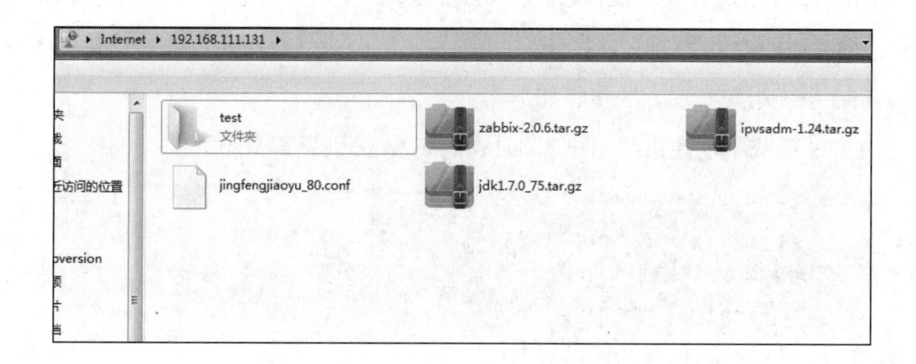

（b）jfedu1 登录 FTP 服务器上传文件

图 12-7 jfedu1 登录 FTP 服务器并上传文件

12.2.6 Vsftpd 虚拟用户配置

如果基于 Vsftpd 系统用户访问 FTP 服务器，系统用户越多越不利于管理，而且不利于系统安全管理。为了能更加安全地使用 Vsftpd，需使用 Vsftpd 虚拟用户方式。

Vsftpd 虚拟用户原理如下：虚拟用户就是没有实际的真实系统用户，而是通过映射到其中一个真实用户并设置相应的权限来实现访问验证。虚拟用户不能登录 Linux 系统，从而让系统更加安全可靠。

Vsftpd 虚拟用户企业案例配置步骤如下。

（1）安装 Vsftpd 虚拟用户需用到的软件及认证模块如下：

```
yum install pam* libdb-utils libdb* --skip-broken -y
```

（2）创建虚拟用户临时文件/etc/vsftpd/ftpusers.txt，新建虚拟用户和密码，其中 jfedu001、jfedu002 为虚拟用户名，123456 为密码，如果有多个用户，按格式依次填写即可：

```
jfedu001
123456
jfedu002
123456
```

（3）生成 Vsftpd 虚拟用户数据库认证文件，设置权限 700：

```
db_load -T -t hash -f /etc/vsftpd/ftpusers.txt /etc/vsftpd/vsftpd_
login.db
chmod 700 /etc/vsftpd/vsftpd_login.db
```

（4）配置 PAM 认证文件，/etc/pam.d/vsftpd 行首加入以下两行代码：

```
auth      required      pam_userdb.so   db=/etc/vsftpd/vsftpd_login
account   required      pam_userdb.so   db=/etc/vsftpd/vsftpd_login
```

（5）所有 Vsftpd 虚拟用户需要映射到一个系统用户，该系统用户不需要密码，也不需要登录，主要用于虚拟用户映射使用。创建命令如下：

```
useradd   -s   /sbin/nologin   ftpuser
```

（6）完整 vsftpd.conf 配置文件代码如下：

```
#global config Vsftpd 2021
anonymous_enable=YES
local_enable=YES
write_enable=YES
local_umask=022
dirmessage_enable=YES
xferlog_enable=YES
connect_from_port_20=YES
xferlog_std_format=YES
listen=NO
```

```
listen_ipv6=YES
userlist_enable=YES
tcp_wrappers=YES
#config virtual user FTP
pam_service_name=vsftpd
guest_enable=YES
guest_username=ftpuser
user_config_dir=/etc/vsftpd/vsftpd_user_conf
virtual_use_local_privs=YES
```

Vsftpd 虚拟用户配置文件参数详解如下：

```
#config virtual user FTP
pam_service_name=vsftpd                          #虚拟用户启用 pam 认证
guest_enable=YES                                 #启用虚拟用户
guest_username=ftpuser                           #映射虚拟用户至系统用户 ftpuser
user_config_dir=/etc/vsftpd/vsftpd_user_conf   #设置虚拟用户配置文件所在的目录
virtual_use_local_privs=YES                      #虚拟用户使用与本地用户相同的权限
```

（7）至此，所有虚拟用户共同基于/home/ftpuser 主目录实现文件上传与下载，可以在/etc/vsftpd/vsftpd_user_conf 目录创建虚拟用户各自的配置文件，创建虚拟用户配置文件主目录，代码如下：

```
mkdir  -p   /etc/vsftpd/vsftpd_user_conf/
```

（8）分别为虚拟用户 jfedu001、jfedu002 用户创建配置文件，执行命令 vim /etc/vsftpd/vsftpd_user_conf/jfedu001，同时创建私有的虚拟目录，代码如下：

```
local_root=/home/ftpuser/jfedu001
write_enable=YES
anon_world_readable_only=YES
anon_upload_enable=YES
anon_mkdir_write_enable=YES
anon_other_write_enable=YES
```

执行命令 vim /etc/vsftpd/vsftpd_user_conf/jfedu002，同时创建私有的虚拟目录，代码如下：

```
local_root=/home/ftpuser/jfedu002
write_enable=YES
anon_world_readable_only=YES
anon_upload_enable=YES
anon_mkdir_write_enable=YES
anon_other_write_enable=YES
```

虚拟用户配置文件内容详解如下：

```
local_root=/home/ftpuser/jfedu002  #jfedu002 虚拟用户配置文件路径
```

```
write_enable=YES                    #允许登录用户有写权限
anon_world_readable_only=YES        #允许匿名用户下载和读取文件
anon_upload_enable=YES              #允许匿名用户上传文件权限，只有在 write_
                                    #enable=YES 时该参数才生效
anon_mkdir_write_enable=YES         #允许匿名用户创建目录，只有在 write_enable=
                                    #YES 时该参数才生效
anon_other_write_enable=YES         #允许匿名用户其他权限，例如删除、重命名等
```

（9）创建虚拟用户各自虚拟目录，代码如下：

```
mkdir -p /home/ftpuser/{jfedu001,jfedu002} ; chown -R ftpuser:ftpuser
/home/ftpuser
```

重启 Vsftpd 服务，通过 Windows 客户端资源管理器登录 Vsftpd 服务器端，测试结果如图 12-8 所示。

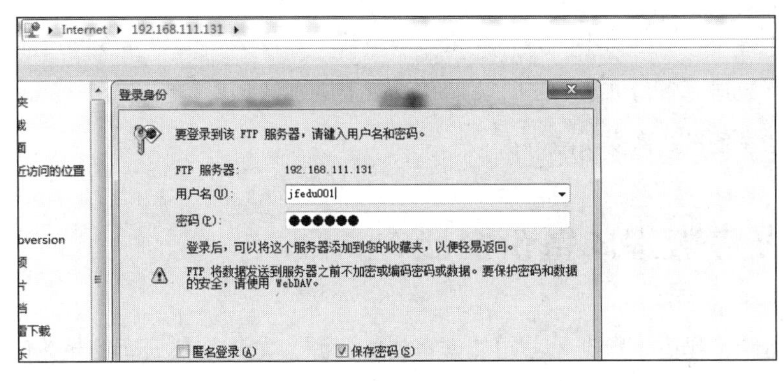

（a）jfedu001 虚拟用户登录 FTP 服务器

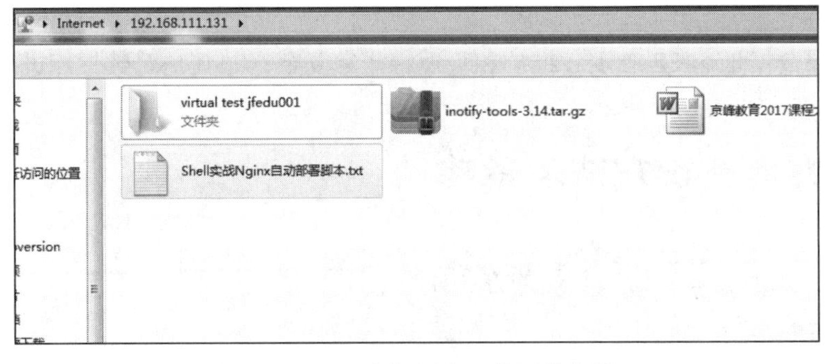

（b）jfedu001 虚拟用户上传下载文件

图 12-8 测试结果

第 13 章 大数据备份企业实战

随着互联网的不断发展，企业对运维人员的要求也越来越高，尤其是要求运维人员能处理各种故障，专研自动化运维技术、云计算机、虚拟化等，以满足公司业务的快速发展。

本章将介绍数据库备份方法、数据量 2TB 及以上级别数据库备份方案、xtrabackup 企业工具案例演示、数据库备份及恢复实战等。

13.1 企业级数据库备份实战

在日常的运维工作中，数据是公司非常重要的资源，尤其是数据库的相关信息，如果数据丢失，损失少则几千元，多则上千万元。所以在运维工作中要注意及时备份网站数据，尤其要及时对数据库进行备份。

企业中如果数据量达 TB 级别，维护和管理将非常复杂，尤其是对数据库进行备份操作。

13.2 数据库备份方法及策略

企业中 MySQL 数据库备份最常用的方法如下。

（1）直接复制备份。

（2）Sqlhotcopy。

（3）主从同步复制。

（4）Mysqldump 备份。

（5）Xtrabackup 备份。

Mysqldump 和 Xtrabackup 均可用于备份 MySQL 数据。以下为 Mysqldump 工具使用方法：

通常小于 100GB 的 MySQL 数据库可以使用默认 Mysqldump 备份工具进行备份，对于超过 100GB 的大数据库，由于 Mysqldump 备份方式采用的是逻辑备份，最大的缺陷是备份和恢复速度较慢。

基于 Mysqldump 备份耗时会非常长，而且备份期间会锁表，直接导致数据库只能访问 Select，不能执行 Insert、Update 等操作，进而导致部分 Web 应用无法写入新数据。

如果是 Myisam 引擎表，当然也可以用参数--lock-tables=false 禁用锁表，但是有可能造成数据信息不一致。

如果是支持事务的表，例如 InnoDB 和 BDB，--single-transaction 参数是一个更好的选择，因为它不锁定表：

```
mysqldump -uroot -p123456 --all-databases --opt --single-transaction > 
2021all.sql
```

其中，--opt 为快捷选项，等同于添加--add-drop-tables --add-locking --create-option --disable-keys --extended-insert --lock-tables --quick --set-charset 选项。

本选项能让 Mysqldump 快速导出数据，且导出的数据能快速导回。该选项默认开启，但可以用--skip-opt 禁用。

如果运行 Mysqldump 没有指定--quick 或 --opt 选项，则会将整个结果集放在内存中。如果导出大数据库，可能会导致内存溢出而异常退出。

13.3　Xtrabackup 企业实战

MySQL 冷备、Mysqldump、MySQL 热复制均不能实现对数据库进行增量备份。在实际环境中增量备份非常实用，如果数据量小于 100GB，存储空间足够，可以每天进行完整备份；如果每天产生的数据量大，需要定制数据备份策略，例如每周日使用完整备份，周一至周六使用增量备份，或者每周六使用完整备份，周日至周五使用增量备份。

Percona-xtrabackup 是为实现增量备份而生的一款主流备份工具，Xtrabackup 有两个主要的工具，分别为 Xtrabackup 和 Innobackupex。

Percona XtraBackup 是 Percona 公司开发的一款用于 MySQL 数据库物理热备的备份工具，支持 MySQL、Percona Server 及 MariaDB，开源免费，是目前互联网数据库备份的主流工具之一。

Xtrabackup 只能备份 InnoDB 和 XtraDB 两种数据引擎的表，而不能备份 MyISAM 数据表，Innobackupex-1.5.1 则封装了 Xtrabackup，是一个封装好的脚本，使用该脚本能同时备份处理 InnoDB 和 Myisam，但在处理 Myisam 时需要加一个读锁。

XtraBackup 备份原理如下：Innobackupex 在后台线程不断追踪 InnoDB 的日志文件，然后复制 InnoDB 的数据文件。数据文件复制完成之后，日志的复制线程也会结束。这样就得到了不在同一时间点的数据副本和开始备份以后的事务日志。完成上面的步骤之后，就可以使用 InnoDB 崩溃恢复代码执行事务日志（Redo log），以达到数据的一致性。其备份优点如下。

（1）备份速度快，物理备份更加可靠。

（2）备份过程不会打断正在执行的事务，无须锁表。

（3）能够基于压缩等功能节约磁盘空间和流量。

（4）自动备份校验。

（5）还原速度快。

（6）可以流传将备份传输到另外一台机器上。

（7）节约磁盘空间和网络带宽。

Innobackupex 工具的备份过程如图 13-1 所示。

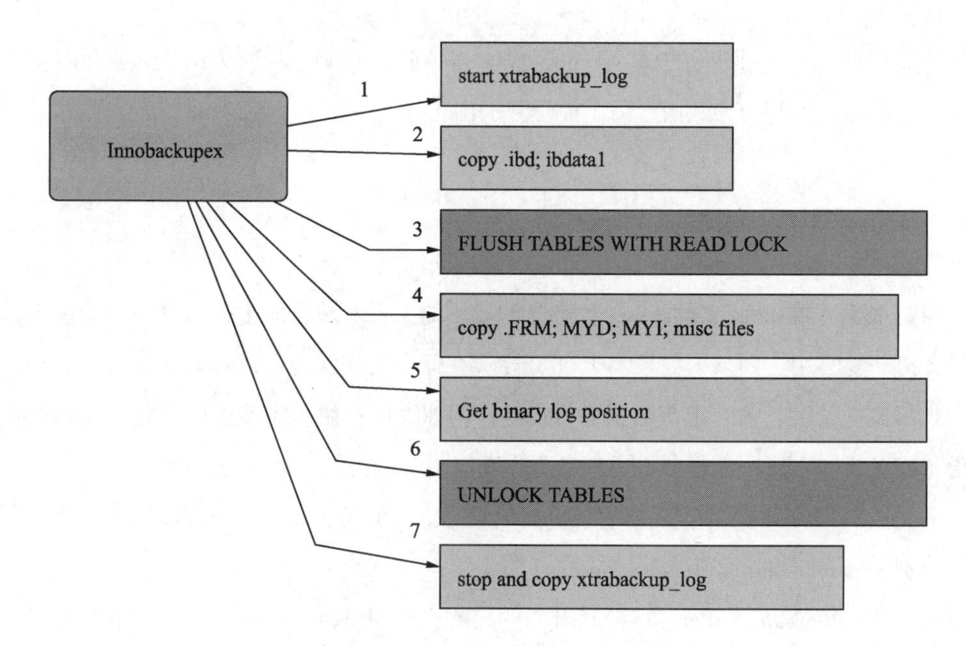

图 13-1　Innobackupex 工具的备份过程

Innobackupex 备份过程中首先启动 Xtrabackup_log 后台检测的进程，实时检测 MySQL redo 的变化，一旦发现有新的日志写入，立刻将日志写入日志文件 Xtrabackup_log，并复制 InnoDB 的数据文件和系统表空间文件 idbdata1 到备份目录。

InnoDB 引擎表备份完成后，执行 Flush table with read lock 操作进行 MyIsam 表备份。复制.frm .myd .myi 文件，并在这一时刻获得 binary log 的位置，将表进行解锁 unlock tables，停止 Xtrabackup_log 进程，完成整个数据库的备份。

13.4 Percona-xtrabackup 备份实战

基于 Percona-xtrabackup 备份，需要如下几个步骤。

（1）官网下载 Percona-xtrabackup。

（2）Percona-xtrabackup 安装方法如下：

```
#安装 Percona XtraBackup 仓库
yum install https://repo.percona.com/yum/percona-release-latest.noarch.
rpm -y
#安装 xtrabackup
yum install percona-xtrabackup-24 -y
```

（3）MySQL 数据库全备份：

```
[root@www-jfedu-net ~]# xtrabackup --backup --target-dir=/data/backups/
#看到 completed OK,表示备份完成,如果遇到报错,根据错误提示解决
210907 15:49:12 [00] Writing /data/backups/backup-my.cnf
210907 15:49:12 [00]        ...done
210907 15:49:12 [00] Writing /data/backups/xtrabackup_info
210907 15:49:12 [00]        ...done
xtrabackup: Transaction log of lsn (1597945) to (1597945) was copied.
210907 15:49:12 completed OK!
```

（4）Xtrabackup 数据库恢复，恢复前先保证数据一致性，执行以下命令：

```
[root@www-jfedu-net ~]# xtrabackup --prepare --target-dir=/data/backups/
#看到 ompleted OK,表示准备成功
xtrabackup: starting shutdown with innodb_fast_shutdown = 1
InnoDB: FTS optimize thread exiting.
InnoDB: Starting shutdown...
InnoDB: Shutdown completed; log sequence number 1598504
210907 15:52:32 completed OK!
```

通常数据库备份完成后，数据尚不能直接用于恢复操作，因为备份数据是一个过程，在备份过程中可能有任务写入数据，可能包含尚未提交的事务或已经提交但尚未同步至数据文件中的事务。

因此此时数据文件仍处于不一致的状态，基于--prepare 可以通过回滚未提交的事务及同步已经提交的事务至数据文件，使数据文件处于一致性状态，方可进行恢复数据。

（5）删除原数据目录/var/lib/mysql 数据，使用参数--copy-back 恢复完整数据，授权 MySQL 用户给所有的数据库文件，如图 13-2 所示，代码如下：

```
#恢复数据,数据库的 datadir 必须为空,其应该关闭 MySQL 服务器
[root@www-jfedu-net ~]#   rm  -rf  /var/lib/mysql/*
[root@www-jfedu-net ~]# xtrabackup --copy-back --target-dir=/data/backups/
#看到 completed OK,表示恢复成功
210907 15:55:05 [01] Copying ./xtrabackup_info to /var/lib/mysql/xtrabackup_
info
210907 15:55:05 [01]        ...done
210907 15:55:05 [01] Copying ./xtrabackup_master_key_id to /var/lib/mysql/
xtrabackup_master_key_id
210907 15:55:05 [01]        ...done
210907 15:55:05 [01] Copying ./ibtmp1 to /var/lib/mysql/ibtmp1
210907 15:55:05 [01]        ...done
210907 15:55:05 completed OK!
#对数据目录重新授权
chown  -R  mysql.  /var/lib/mysql/
#启动数据库服务
[root@www-jfedu-net ~]# systemctl start mariadb
[root@www-jfedu-net ~]# ps -ef  | grep mysql
mysql      4436      1  0 16:00 ?        00:00:00 /bin/sh /usr/bin/mysqld_safe
--basedir=/usr
mysql      4598   4436  0 16:00 ?        00:00:00 /usr/libexec/mysqld
--basedir=/usr --datadir=/var/lib/mysql --plugin-dir=/usr/lib64/mysql/
plugin
--log-error=/var/log/mariadb/mariadb.log
--pid-file=/var/run/mariadb/mariadb.pid
--socket=/var/lib/mysql/mysql.sock
root       4634   1120  0 16:00 pts/0    00:00:00 grep --color=auto mysql
```

```
drwxr-xr-x 2 root root    36864 12月 20 00:23
drwxr-xr-x 2 root root     4096 12月 20 00:23
drwxr-xr-x 2 root root     4096 12月 20 00:23
drwxr-xr-x 2 root root     4096 12月 20 00:23
drwxr-xr-x 2 root root     4096 12月 20 00:23
drwxr-xr-x 2 root root     4096 12月 20 00:23
-rw-r--r-- 1 root root       77 12月 20 00:23 xtrabackup_checkpoints
[root@localhost mysql]# chown -R mysql:mysql /var/lib/mysql/
[root@localhost mysql]#
[root@localhost mysql]#
[root@localhost mysql]# /usr/local/mysql/bin/mysqld_safe --user=mysql&
[1] 11335
[root@localhost mysql]# 141220 00:24:49 mysqld_safe Logging to '/var/log/my
141220 00:24:49 mysqld_safe Starting mysqld daemon with databases from /var

[root@localhost mysql]#
[root@localhost mysql]# ps -ef |grep mysql
root     11335  2948  0 00:24 pts/5    00:00:00 /bin/sh /usr/local/mysql/bi
mysql    11497 11335  0 00:24 pts/5    00:00:00 /usr/local/mysql/bin/mysqld
/mysql/ --plugin-dir=/usr/local/mysql/lib/plugin --user=mysql --log-error=/
mysqld.pid --socket=/var/lib/mysql/mysql.sock
root     11518  2948  0 00:24 pts/5    00:00:00 grep mysql
[root@localhost mysql]#
```

图 13-2　Xtrabackup 数据恢复

查看数据库恢复信息，数据完全恢复，如图 13-3 所示。

```
[root@localhost mysql]# mysql -uroot -p123456
Welcome to the MySQL monitor.  Commands end with ; or \g.
Your MySQL connection id is 5
Server version: 5.5.20 Source distribution

Copyright (c) 2000, 2013, Oracle and/or its affiliates. All ri

Oracle is a registered trademark of Oracle Corporation and/or
affiliates. Other names may be trademarks of their respective
owners.

Type 'help;' or '\h' for help. Type '\c' to clear the current

mysql> show databases;
+--------------------+
| Database           |
+--------------------+
| information_schema |
| 122dsfds           |
| 122s               |
| asset              |
| audit              |
```

图 13-3　Xtrabackup 数据恢复

13.5　Innobackupex 增量备份

增量备份仅可应用于 InnoDB 或 XtraDB 表，对于 MyISAM 表而言，执行增量备份时其实进行的是完全备份。

（1）增量备份之前必须执行完全备份，如图 13-4 所示，代码如下：

```
innobackupex --user=root --password=123456 --databases=wugk01 /data/
backup/mysql/
```

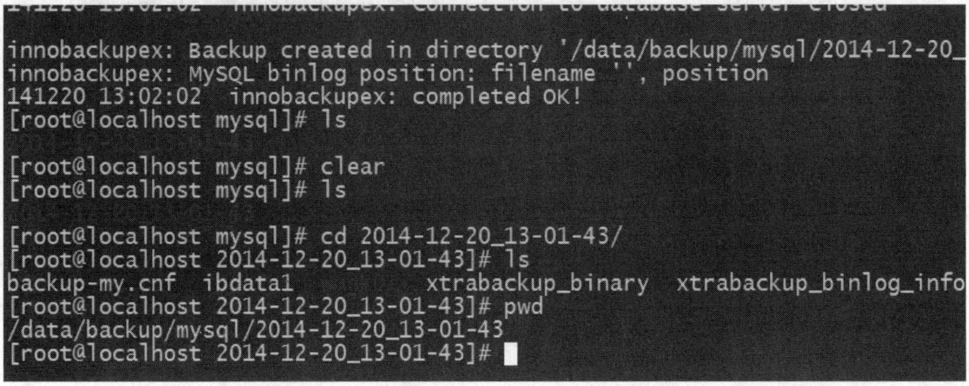

图 13-4 Innobackupex 完整备份

（2）执行第一次增量备份：

```
innobackupex --defaults-file=/etc/my.cnf --user=root --password=123456
--databases=wugk01 --incremental /data/backup/mysql/ --incremental-
basedir=/data/backup/mysql/2021-12-20_13-01-43/
```

增量备份完成后，会在/data/backup/mysql/目录下生成新的备份目录，如图 13-5 所示。

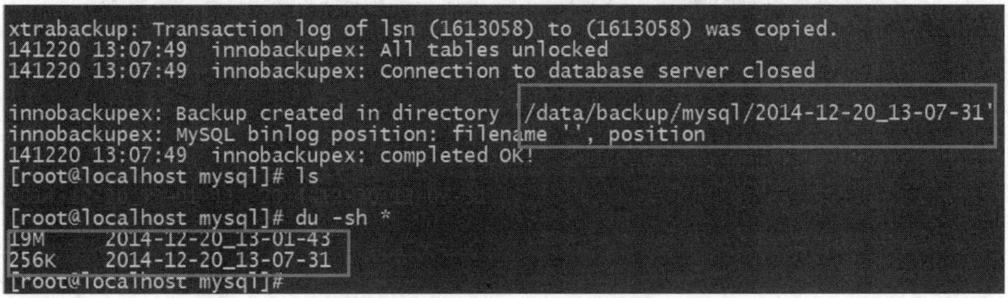

图 13-5 Innobackupex 增量备份

（3）数据库插入新数据，如图 13-6 所示。

（4）执行第二次增量备份，备份命令如下，如图 13-7 所示。

```
innobackupex --defaults-file=/etc/my.cnf --user=root --password=123456
--databases=wugk01 --incremental /data/backup/mysql/
--incremental-basedir=/data/backup/mysql/2021-12-20_13-07-31/
```

```
Database changed
mysql> insert into test_01 values('003','wuguangke3');
Query OK, 1 row affected (0.02 sec)

mysql> select * from test_01;
+------+------------+
| id   | name       |
+------+------------+
| 001  | wuguangke  |
| 002  | wuguangke2 |
| 003  | wuguangke3 |
+------+------------+
3 rows in set (0.00 sec)
```

图 13-6　数据库插入新数据

```
[root@localhost mysql]#
[root@localhost mysql]# innobackupex --defaults-file=/etc/my.cnf --user=root --password=123456
mental /data/backup/mysql/ --incremental-basedir=/data/backup/mysql/2014-12-20_13-07-31/

InnoDB Backup Utility v1.5.1-xtrabackup; Copyright 2003, 2009 Innobase Oy
and Percona Inc 2009-2012.  All Rights Reserved.

This software is published under
the GNU GENERAL PUBLIC LICENSE Version 2, June 1991.

141220 13:11:14  innobackupex: Starting mysql with options:  --defaults-file='/etc/my.cnf' --p
ot' --unbuffered --
141220 13:11:14  innobackupex: Connected to database with mysql child process (pid=4094)
```

（a）显示 1

```
141220 13:11:39  innobackupex: completed OK!
[root@localhost mysql]# innobackupex --defaults-file=/etc/my.cnf --user=ro
mental /data/backup/mysql/ --incremental-basedir=/data/backup/mysql/2014-1
[root@localhost mysql]# clear
[root@localhost mysql]# ls

[root@localhost mysql]# du -sh *
19M     2014-12-20_13-01-43
256K    2014-12-20_13-07-31
224K    2014-12-20_13-11-20
[root@localhost mysql]#
```

（b）显示 2

图 13-7　数据库增量备份

13.6　MySQL 增量备份恢复

删除原数据库中表及数据记录信息，如图 13-8 所示。

MySQL 增量备份数据恢复方法如下。

（1）基于 Apply-log 确保数据一致性，代码如下：

```
innobackupex --defaults-file=/etc/my.cnf --user=root --password=123456
--apply-log --redo-only /data/backup/mysql/2021-12-20_13-01-43/
```

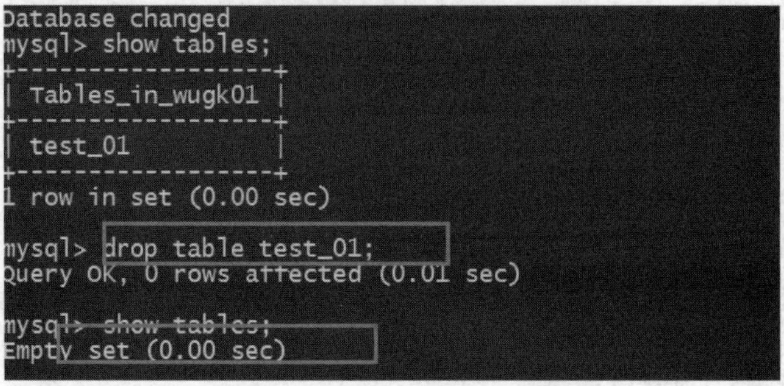

```
Database changed
mysql> show tables;
+------------------+
| Tables_in_wugk01 |
+------------------+
| test_01          |
+------------------+
1 row in set (0.00 sec)

mysql> drop table test_01;
Query OK, 0 rows affected (0.01 sec)

mysql> show tables;
Empty set (0.00 sec)
```

图 13-8　删除数据库表信息

（2）执行第一次增量数据恢复。

```
innobackupex --defaults-file=/etc/my.cnf --user=root --password=123456
--apply-log --redo-only /data/backup/mysql/2021-12-20_13-01-43/
--incremental-dir=/data/backup/mysql/2021-12-20_13-07-31/
```

（3）执行第二次增量数据恢复。

```
innobackupex --defaults-file=/etc/my.cnf --user=root --password=123456
--apply-log --redo-only /data/backup/mysql/2021-12-20_13-01-43/
--incremental-dir=/data/backup/mysql/2021-12-20_13-11-20/
```

（4）执行完整数据恢复。

```
innobackupex --defaults-file=/etc/my.cnf --user=root --password=123456
--copy-back /data/backup/mysql/2021-12-20_13-01-43/
```

（5）测试数据库已完全恢复，如图 13-9 所示。

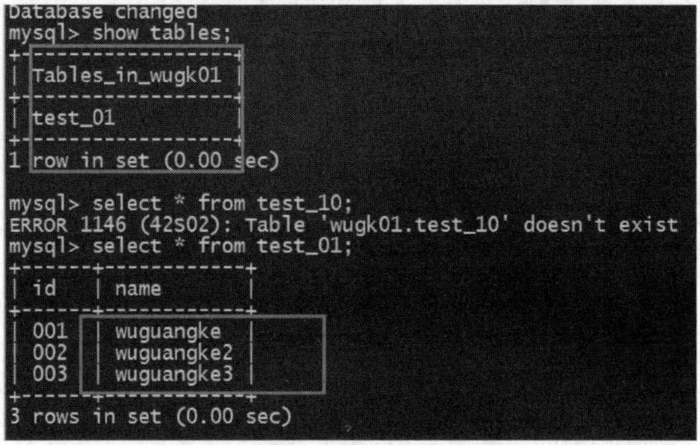

```
Database changed
mysql> show tables;
+------------------+
| Tables_in_wugk01 |
+------------------+
| test_01          |
+------------------+
1 row in set (0.00 sec)

mysql> select * from test_10;
ERROR 1146 (42S02): Table 'wugk01.test_10' doesn't exist
mysql> select * from test_01;
+------+-------------+
| id   | name        |
+------+-------------+
| 001  | wuguangke   |
| 002  | wuguangke2  |
| 003  | wuguangke3  |
+------+-------------+
3 rows in set (0.00 sec)
```

图 13-9　数据库表信息完整恢复

第 14 章　Kickstart 企业系统部署实战

14.1　Kickstart 使用背景介绍

随着公司业务不断增加，经常需要采购新服务器，并要求安装 Linux 系统，还要求 Linux 版本一致，以方便后期维护和管理。每次人工安装 Linux 系统会浪费掉更多时间，是否有办法节省时间？

大中型互联网公司一次采购服务器上百台，如果采用人工逐台手动安装，得用坏多少张光盘，得多少次加班加点才能完成这项“艰巨”的任务呢？有没有自动化安装平台，将一台服务器中已存在的系统克隆或者复制到新的服务器呢？Kickstart 可以毫不费力地完成这项工作。

PXE（preboot execute environment，预启动执行环境）是由 Intel 公司开发的最新技术，工作于 Client/Server 的网络模式，支持工作站通过网络从远端服务器下载映像，并由此支持通过网络启动操作系统。在操作系统启动过程中，终端要求服务器分配 IP 地址，再用 TFTP（trivial file transfer protocol）协议下载一个启动软件包到本机内存中执行。

Kickstart 安装平台完整架构为 Kickstart+DHCP+NFS(HTTP)+TFTP+PXE，从架构可以看出大致需要安装的服务，例如 DHCP、TFTP、httpd、Kickstart/pxe 等。

14.2　Kickstart 企业实战配置

（1）基于 CentOS 7.x Linux 操作系统，yum 安装 DHCP、TFTP、httpd 服务，操作指令如下：

```
yum  install  httpd httpd-devel  tftp-server  xinetd  dhcp*   -y
```

（2）配置 TFTP 服务，开启 TFTP 服务，操作指令如下：

```
cat>/etc/xinetd.d/tftp<<EOF
service tftp
{
disable=no
socket_type=dgram
protocol=udp
wait=yes
user=root
server=/usr/sbin/in.tftpd
server_args=-u nobody -s /tftpboot
per_source=11
cps=100 2
flags=IPv4
}
EOF
```

（3）只需要把 disable = yes 改成 disable = no 即可，也可以通过 sed 命令修改，命令如下：

```
sed -i '/disable/s/yes/no/g'/etc/xinetd.d/tftp
```

14.3 Kickstart TFTP+PXE 实战

要实现远程 Kickstart 安装系统，需要在 TFTPBOOT 目录指定相关 PXE 内核模块及相关参数，操作方法和指令如下：

```
#挂载本地光盘镜像
mount /dev/cdrom /mnt
#安装 syslinux 必备文件
yum install syslinux syslinux-devel -y
#将 tftpboot 目录软链接至/根目录
ln -s /var/lib/tftpboot /
#创建 pxelinux.cfg 目录
mkdir -p /var/lib/tftpboot/pxelinux.cfg/
#复制必备配置文件
\cp /mnt/isolinux/isolinux.cfg /var/lib/tftpboot/pxelinux.cfg/default
\cp /usr/share/syslinux/vesamenu.c32 /var/lib/tftpboot/
\cp /mnt/images/pxeboot/vmlinuz /var/lib/tftpboot/
\cp /mnt/images/pxeboot/initrd.img /var/lib/tftpboot/
\cp /usr/share/syslinux/pxelinux.0 /var/lib/tftpboot/
```

```
#授权 default 文件权限
chmod 644 /var/lib/tftpboot/pxelinux.cfg/default
```

14.4　配置 Tftpboot 引导案例

Tftpboot 相关目录和文件创建完成后，接下来需要创建 default，并写入如下内容，该文件是 Kickstart 安装系统核心文件之一。操作指令如下：

```
cat>/tftpboot/pxelinux.cfg/default<<EOF
default vesamenu.c32
timeout 10
display boot.msg
menu clear
menu background splash.png
menu title CentOS Linux 7
label linux
  menu label ^Install CentOS Linux 7
  menu default
  kernel vmlinuz
  append initrd=initrd.img inst.repo=http://192.168.0.131/centos7 quiet
ks=http://192.168.0.131/ks.cfg
label check
  menu label Test this ^media & install CentOS Linux 7
  kernel vmlinuz
  append initrd=initrd.img inst.stage2=hd:LABEL=CentOS\x207\x20x86_64
rd.live.check quiet
EOF
```

Default 配置文件详解如下：

```
#192.168.0.131 是 kickstart 服务器
#centos7 是 HTTPD 共享 linux 镜像的目录，即 linux 存放安装文件的路径
#ks.cfg 是 kickstart 主配置文件
#设置 timeout 10 /*超时时间为 10s */
#ksdevice=ens33 代表当有多个网卡的时候，要实现自动化需要设置从 ens33 安装
#TFTP 配置完毕，由于 TFTP 是非独立服务，需要依赖 xinetd 服务启动，启动命令为
chkconfig   tftp  --level 35 on  && service  xinetd  restart
```

14.5 Kickstart+Httpd 配置

Kickstart 远程系统安装，客户端需要下载系统所需的软件包，所以需要使用 NFS 或者 httpd 把镜像文件共享出来。命令如下：

```
mkdir -p /var/www/html/centos7/
mount /dev/cdrom /var/www/html/centos7/
#cp /dev/cdrom/*  /var/www/html/centos7/
```

配置 Kickstart，可以使用 system-kickstart 系统软件包配置，ks.cfg 配置文件内容如下：

```
cat>/var/www/html/ks.cfg<<EOF
install
text
keyboard 'us'
rootpw www.jfedu.net
timezone Asia/Shanghai
url --url=http://192.168.0.131/centos7
reboot
lang zh_CN
firewall --disabled
network  --bootproto=dhcp --device=ens33
auth  --useshadow  --passalgo=sha512
firstboot --disable
selinux  disabled
bootloader --location=mbr
clearpart --all --initlabel
part /boot --fstype="ext4" --size=300
part / --fstype="ext4" --grow
part swap --fstype="swap" --size=512
%packages
@base
@core
%end
EOF
```

14.6 DHCP 服务配置实战

（1）DHCP 服务配置文件代码如下：

```
cat>/etc/dhcp/dhcpd.conf<<EOF
ddns-update-style interim;
```

```
ignore client-updates;
next-server 192.168.0.131;
filename "pxelinux.0";
allow booting;
allow bootp;
subnet 192.168.0.0 netmask 255.255.255.0 {
#default gateway
option routers          192.168.0.1;
option subnet-mask      255.255.255.0;
range dynamic-bootp 192.168.0.180 192.168.0.200;
host ns {
hardware ethernet  00:1a:a0:2b:38:81;
fixed-address 192.168.0.101;}
}
EOF
```

（2）重启各服务，启动新的客户端验证测试，操作指令如下：

```
service httpd restart
service dhcpd restart
service xinetd restart
```

14.7　Kickstart 客户端案例

开启新虚拟机，同时设置虚拟机（客户端）BIOS 启动项，设置为首选网卡启动，如图 14-1 所示。

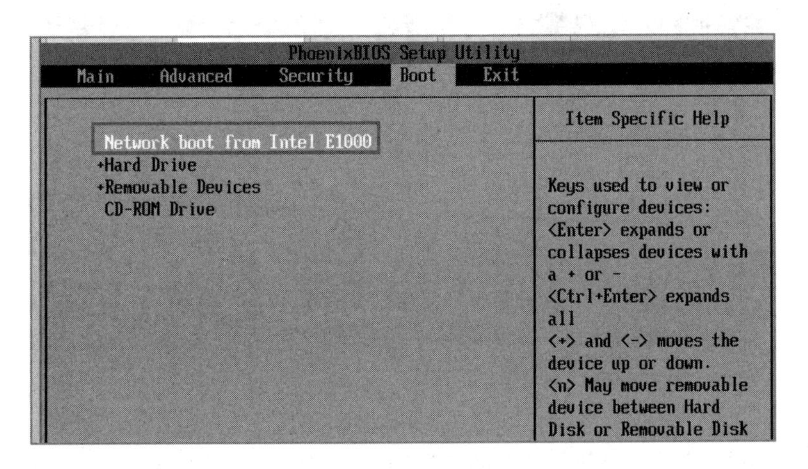

（a）BIOS 设置

图 14-1　设置虚拟机（客户端）BIOS 启动项

```
CLIENT MAC ADDR: 00 0C 29 B8 4C B4  GUID: 564DC9A8-1D4D-4535-0399-4B9214
CLIENT IP: 192.168.0.180  MASK: 255.255.255.0  DHCP IP: 192.168.0.131
GATEWAY IP: 192.168.0.1

PXELINUX 4.05 0x581e199a  Copyright (C) 1994-2011 H. Peter Anvin et al
!PXE entry point found (we hope) at 9E15:0106 via plan A
UNDI code segment at 9E15 len 0BDE
UNDI data segment at 987F len 5960
Getting cached packet  01 02 03
My IP address seems to be C0A800B4 192.168.0.180
ip=192.168.0.180:192.168.0.131:192.168.0.1:255.255.255.0
BOOTIF=01-00-0c-29-b8-4c-b4
SYSUUID=564dc9a8-1d4d-4535-0399-4b9214b84cb4
TFTP prefix:
Trying to load: pxelinux.cfg/default                                ok
_
```

（b）客户端启动测试（一）

```
[  OK  ] Listening on LVM2 poll daemon socket.
[  OK  ] Listening on udev Kernel Socket.
[  OK  ] Stopped target Initrd Root File System.
[  OK  ] Reached target Swap.
[  OK  ] Set up automount Arbitrary Executable File Formats File System A
[  OK  ] Listening on LVM2 metadata daemon socket.
         Starting Monitoring of LVM2 mirrors, snapshots etc. using dmeven
         Mounting Temporary Directory...
         Starting Apply Kernel Variables...
[  OK  ] Reached target Slices.
[  OK  ] Stopped target Initrd File Systems.
         Mounting Huge Pages File System...
[  OK  ] Created slice system-anaconda\x2dtmux.slice.
[  OK  ] Stopped Journal Service.
```

（c）客户端启动测试（二）

图 14-1 （续）

安装时可能报错，如图 14-2 所示。

```
[  OK  ] Reached target Initrd File Systems.
         Starting dracut mount hook...
[   11.814416] dracut-mount[962]: Warning: Can't mount root filesystem
[   11.919535] dracut-mount[962]: Warning: /dev/root does not exist
[   11.964268] dracut-mount[962]: /lib/dracut-lib.sh: line 1030: echo: write error: No space left on
device
         Starting Dracut Emergency Shell...
Warning: /dev/root does not exist

Generating "/run/initramfs/rdsosreport.txt"
[   12.413467] blk_update_request: I/O error, dev fd0, sector 0
[   12.663962] blk_update_request: I/O error, dev fd0, sector 0


Entering emergency mode. Exit the shell to continue.
Type "journalctl" to view system logs.
You might want to save "/run/initramfs/rdsosreport.txt" to a USB stick or /boot
after mounting them and attach it to a bug report.


:/# _
```

图 14-2 客户端系统安装报错

如果报如图 14-2 所示的错误，需要调整客户端虚拟机的内存设置为 2GB 以上，然后再次启动客户端远程安装系统，如图 14-3 所示。

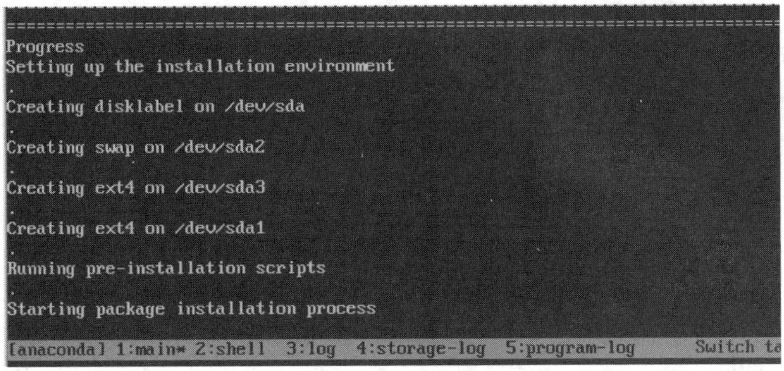

```
================================================================================
Progress
Setting up the installation environment
.
Creating disklabel on /dev/sda
.
Creating swap on /dev/sda2
.
Creating ext4 on /dev/sda3
.
Creating ext4 on /dev/sda1
.
Running pre-installation scripts
.
Starting package installation process
[anaconda] 1:main* 2:shell  3:log  4:storage-log  5:program-log     Switch ta
```

图 14-3　客户端系统安装

14.8　Kickstart 案例扩展

在实际应用中，通常会发现一台服务器有好几块硬盘，做完 RAID（独立磁盘冗余阵列），整个硬盘有 10TB，如何使用 Kickstart 自动安装并分区？需要采用 GPT 格式来引导并分区。需要在 ks.cfg 末尾添加以下命令实现需求：

```
%pre
parted  -s  /dev/sdb  mklabel  gpt
%end
```

为了实现 Kickstart 安装完系统后自动初始化系统等工作，可以在系统安装完成后，自动执行定制的脚本，需要在 ks.cfg 末尾加入以下配置：

```
%post
mount  -t  nfs 192.168.0.131:/centos/init   /mnt
cd  /mnt/ ;/bin/sh  auto_init.sh
%end
```

Kickstart 所有配置就此告一段落，实际应用中需要注意，新服务器与 Kickstart 最好独立在一个网络，避免与办公环境或者服务器机房网络混在一起，以免其系统在其他的计算机以网卡启动时被重装成 Linux。